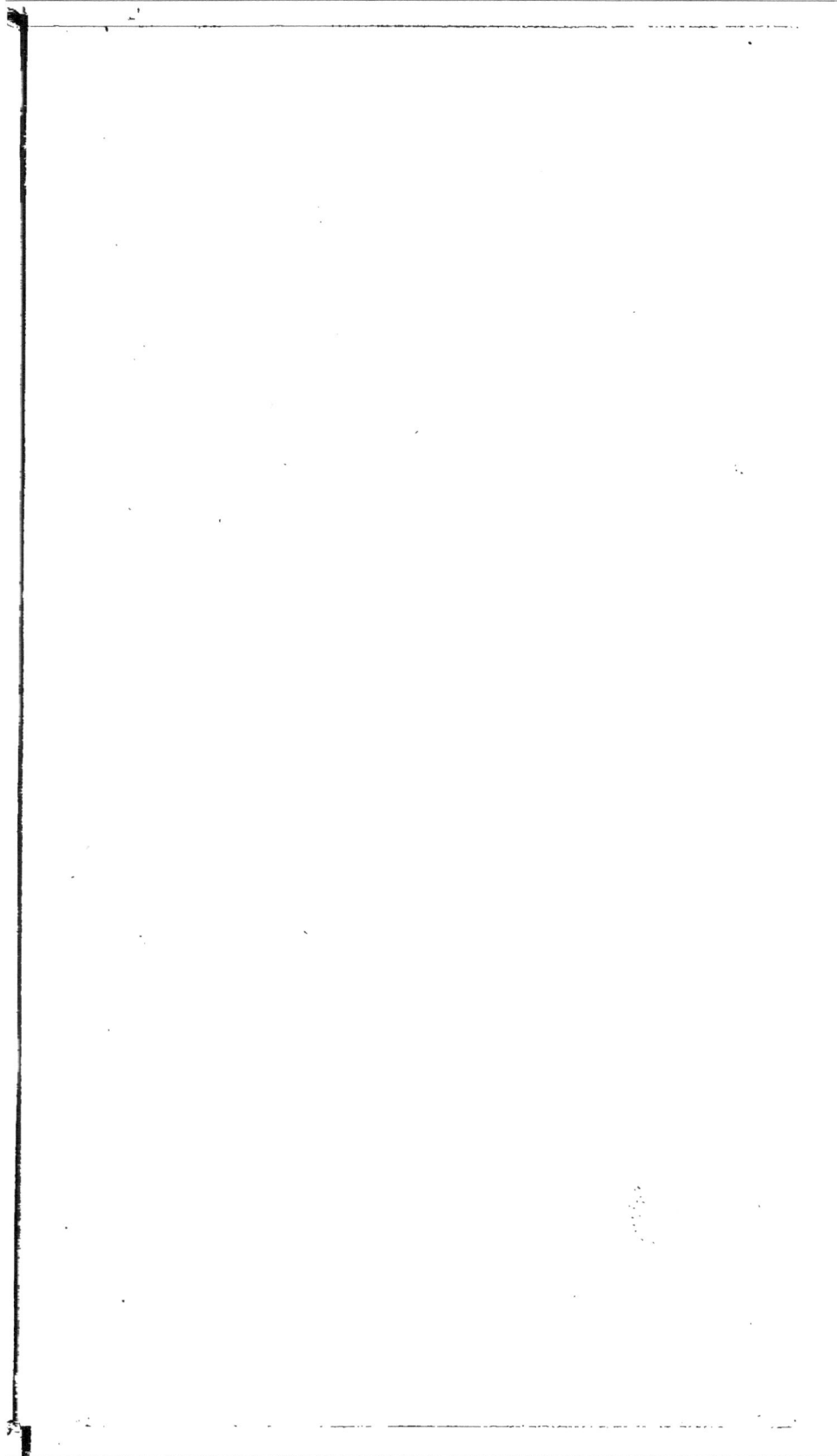

Par Léon Faye

9016

CATALOGUE

DES

PLANTES VASCULAIRES

DE LA

CHARENTE-INFÉRIEURE.

SIVRAI,

IMPRIMERIE ET LIBRAIRIE DE P.-A. FERRIOL.

1850.

C.

Ce catalogue qui, grace aux bienveillantes communications de mes collégues de la Société des Sciences naturelles de la Charente-Inférieure, présente un résumé exact des herborisations faites jusqu'à ce jour dans le département, a pour but, non seulement d'inventorier nos richesses végétales, mais encore de signaler avec précision, des erreurs désormais réconnues et des doutes qu'il convient de vérifier. Je sais que cette modeste liste de plantes deviendra bientôt incomplète, mais c'est le sort ordinaire des nomenclatures de ce genre et je suis heureux de penser que celle-ci fera place, dans un temps peu éloigné, à la Flore de la Saintonge et de l'Aunis, entreprise par la Société.

J'avais formé le projet de mentionner à la suite de chaque localité, le nom du botaniste à qui la première indication en est due ; mais, convaincu bientôt qu'il était impossible d'établir, d'une manière toujours équitable, ce droit d'antériorité, je me suis abstenu de ces désignations, excepté cependant, pour les plantes très-rares, (RR.), c'est-à-dire pour celles qui n'ont été rencontrées jusqu'à présent que sur un seul point du département. Ce travail doit donc être considéré comme une œuvre commune, à laquelle, tous les membres de la section de botanique ont coopéré avec zéle, notamment MM. DE BEAUPREAU, l'Abbé DELALANDE, HUBERT et d'ORBIGNY père, dont les noms figurent dans la note ci-jointe ; Me GEORGE, au Pin près St-Jean d'Angély, et MM. BROSSARD, médecin et directeur du jardin botanique à La Rochelle; Elie CHEVALIER, chef d'institution dans la même ville ; GOUGET, chirurgien major militaire à Valence ; Anatole GUILLON, commis de direction des contributions indirectes à Niort ; LÉPINE, pharmacien de la marine au port de Rochefort; LIPPHARD, jardinier-botaniste de la marine à Rochefort ; l'Abbé MES-

CHINET, professeur à Montlieu, et SAVATIER, médecin à Beauvais-sur-Matha.

Je n'ai cité aucun habitat pour les espèces communes (C.), ou très-communes (CC.). Pour celles assez répandues (AC.), j'ai signalé seulement les stations les plus intéressantes ; mais pour les plantes rares (R.), ou assez rares (AR.), j'ai noté, à très-peu d'exceptions près, toutes les localités indiquées. Du reste, la végétation du département n'est pas encore assez bien connue sur tous les points, pour que ces indications de fréquence ou de rareté, soient toujours rigoureusement exactes ; elles ne méritent dès lors qu'une confiance relative. Le signe de certitude (!) se trouve placé à la suite des localités ou j'ai vérifié la présence de quelques unes de nos plantes.

Le nombre des espèces admises dans ce catalogue, pour lequel j'ai suivi la synonymie adoptée par M. Boreau, dans la seconde édition de son excellente *Flore du Centre de la France* (1849), est de 1,572, sans compter 79 variétés plus ou moins importantes. De ce total, il faut déduire 45 espèces cultivées ou seulement naturalisées, ce qui réduit à 1,527 nos végétaux véritablement spontanés. On voit néanmoins, que le nombre de ceux qu'on peut avoir l'espérance de découvrir plus tard, indépendamment des plantes douteuses à retrouver, est désormais assez restreint.

Sivrai, 10 août 1850.

LÉON FAYE.

Liste des principaux ouvrages contenant des renseignements sur les plantes de la Charente-Inférieure.

BEAUPREAU (Alphonse de), propriétaire à Saint-Xandre.
— *Notice sur la géographie botanique du département* (1839). — in-4., publié dans la *Statistique de la Charente Inférieure*, (p. 299 à 304).

BOBE MOREAU (Jean Baptiste), ancien pharmacien en chef de la marine à Rochefort, né à Poitiers, le 4 mars 1761, mort à Saintes, le 15 mars 1849.
— *Réfutation*. (1837 — in-4.) cet écrit contient (p. 42 à 48), une critique de la *Flore Rochefortine* de Lesson et quelques observations personnelles de l'auteur.

BONAMY (François), médecin et professeur de Botanique à Nantes.
— *Floræ Nannetensis prodromus* (1782)—in-12. Plusieurs plantes recueillies dans l'Aunis, sont indiquées dans cet ouvrage.

CANDOLLE (Auguste-Pyrame de), mort à Genève en 1841.
— *Flore Française*. (troisième édition.1803-1815). Presque toutes les plantes de la Charente-Inférieure mentionnées dans cet ouvrage, l'ont été sur les indications de M. BONPLAND, médecin à La Rochelle, frère aîné du célèbre collaborateur de M. de Humboldt.

DELALANDE (L'abbé J. M.), professeur d'histoire naturelle au petit séminaire de Nantes.
— *Une première Excursion botanique dans la Charente-Inférieure, en septembre 1847. (1848)*—

in-8. de 27 p., publié dans les *Annales de la Société Académique de Nantes.*

— *Une seconde Excursion botanique dans la Charente-Inférieure, en août et septembre 1848.* (1849) — in-8. de 61 p., inséré dans le même recueil.

DESMOULINS (Charles), président de la Société Linnéenne de Bordeaux.

— *Notice sur le Lychnis Corsica et autres plantes méridionales trouvées dans le département de la Gironde* (et dans celui de la Charente-Inférieure) 1826—in-8., insére dans le *Bulletin de la Société Linnéenne.* T. 1. p. 31.

— *Variété gigantesque de la Sagittaire commune.* (1826.) — in-8. *ibid.* p. 54.

— La plupart des plantes de la Charente-Inférieure, mentionnées dans le *Botanicon Gallicum* de M. DUBY, (1828), ont été indiquées par M. Desmoulins.

FAYE (Léon), procureur de la République à Sivrai.

— *Tableau synoptique des plantes de la famille des Graminées qui croissent spontanément dans le département de la Charente-Inférieure* (1838) — in-4. de 15 p., autographié à 50 exemplaires.

— *Note sur les progrès de l'étude de la botanique dans le département de la Charente-Inférieure.* (1846) — in-8. de 19 p. autographie à cent exemplaires.

— *Aperçu sommaire de la Flore du Vergeroux.* (1846) in-8. de 7 p., autogr. à 25 exemplaires.

FOURNAULT (Dom François Emmanuel), bénédictin de l'abbaye de St-Jean d'Angély.

— *Plantes observées sur la route de Souillac à Saint-Jean d'Angély.* (1770). in-8. — Liste insérée dans le quatrième volume du dictionnaire de Buchoz. p. 254. — Dom Fournault a fourni également quelques indications à la *Flore Française* de DE LAMARCK (première édition. 1778.) et a compris quelques espèces de la Saintonge dans sa liste de *plantes des environs Souillac en Quercy et de Beaulieu en bas Limousin* (Dict. de Buchoz, T. 4. p. 249.

GIRARD DE VILLARS, médecin à la Rochelle, correspondant de l'Académie des Sciences, en 1741.
— *Plantes du pays d'Aunis avec leurs vertus et leurs noms vulgaires.* — Manuscrit qui parait perdu et dont Arcère a cité quelques passages (*Hist. de la Rochelle.* T. 1. p. 7.)

GUETTARD (Jean-Etienne), né à Etampes, le 22 septembre 1715, mort à Paris, le 8 janvier 1785. Membre de l'Académie des Sciences en 1734.
— *Observations sur le genre Franka* (Frankenia) 1744 — in-4., inséré dans les mémoires de l'Académie des Sciences.
— *Observations sur les plantes.* 1747 — in-8. un assez grand nombre de plantes de l'Aunis sont mentionnées dans l'appendice (T. 2. p. 389).

HUBERT, pharmacien à la Rochelle.
— *Essai sur quelques Hydrophytes de la Charente-Inférieure* (1845) — in-8. de 41 p., inséré dans la *Revue Organique.*

LATERRADE, professeur de Botanique à Bordeaux.
— *Flore Bordelaise* (1846).—Les plantes observées dans la Charente-Inférieure, sur la rive droite de la Gironde, sont décrites à la fin de l'ouvrage, sous le titre de *Plantes de l'arrondissement subsidiaire.*

LESSON (René Primevère), ancien pharmacien en chef de la marine à Rochefort, correspondant de l'Académie des Sciences; né à Rochefort le 20 mars 1794, mort dans la même ville, le 28 avril 1849,
— *Quelques notes sur l'Ile d'Aix et sur ses productions naturelles* (1820) — in-8., publiées dans les *Annales maritimes,* deuxième partie, p. 51.
— *Flore Rochefortine, ou description des plantes qui croissent spontanément ou qui sont naturalisées aux environs de la ville de Rochefort.* (910 vasculaires et 207 cellulaires.) 1835. — in-8. de 634 p.
— *Réponse au docteur Bobe-Moreau.* (1837) — in-4. p. 55 à 57.

ORBIGNY père (Dessalines d'), naturaliste à la Rochelle.

— *Essai sur les plantes marines du golfe de Gascogne et particulièrement de celles du département de la Charente-Inférieure.* (1820, in-4. de 40 p. inséré dans les *Mémoires du Muséum.*

PALISSY (Bernard de), surnommé le *Potier de Xainctes*, mort vers 1589.

— Cet artiste célèbre a parlé de quelques plantes de la Saintonge dans sa *Recepte véritable* (1563) et dans son *Discours admirable de la nature des eaux* (1580) p. 19 et 246 de l'édition Charpentier. 1844. in-8.

RÉAUMUR (Réné Antoine Ferchaut Sr. de), né à La Rochelle, le 28 février 1683, mort à la Bermondière, le 8 octobre 1757. Membre de l'Académie des Sciences en 1708.

— *Description des fleurs et des graines de divers Fucus et quelques autres observations physiques sur les mêmes plantes.* (1711—1712) — in-4., publié dans les Mémoires de l'Académie des Sciences, p. 285 à 301 et 21 à 44.

— *Observations sur la végétation du Nostoch.* (1722) — in-4. *ibid.* p. 121 à 128.

SOCIÉTÉ DES SCIENCES NATURELLES DE LA CHARENTE-INFÉRIEURE; fondée à La Rochelle en 1836.

— *Catalogue provisoire pour servir à la Flore de la Charente-Inférieure.* (1840) — in-4. de 159 p.

— *Aperçu des travaux de la Société des Sciences naturelles de la Charente-Inférieure, depuis sa fondation jusqu'à la fin de 1849,* par le secrétaire M. SAUVÉ. (1850) — in-8. de 44 pages. Les travaux des membres de la section de botanique sont résumés p. 10 à 15 et 27 à 29.

PLANTES DICOTYLÉDONÉES.

I. PLANTES A COROLLES POLYPÉTALES.

RENONCULACÉES.

CLEMATI *Vitalba*. L. — C.

THALICTRUM *montanum*. Wallr. (*T. minus*. Auct.)
AR. — Terre Neuve; Bellecroix; Marans!
Le Pin; Saintes; Taillebourg.

— *fœtidum* L. — RR. — Fossés des marais tourbeux à Aigrefeuille; (Chevalier.)

— *flavum*. L. — C.

— *T. aquilegifolium*. L. Indiqué à Aigrefeuille,
a besoin d'être recherché de nouveau.

ANEMONE *nemorosa*. L. — C.

— *coronaria*. L. — Naturalisé à Lafond, dans un
champ à droite de la route de Lagord.

ADONIS *autumnalis*. L. — AR. — Augliers; Le
Pin; Martrou.

— *œstivalis*. L. — C.

— *flammea*. Jacq. AR. — Martrou! Fouras.

MYOSURUS *minimus*. L. — AR. — Rétaud; Breuil-
Magné; Vergeroux; Rochefort!

RANUNCULUS *hederaceus*. L. — R. — Angoulins;
Marans; Ile d'Elle.

— *tripartitus*. DC. — R. — Marais de St-Louis;
fossés de la route de Rochefort.

— *ololeucos*. Lloyd. — AC. — Fossés de La Rochelle à Rochefort, Angoulins; etc.

— *aquatilis*. L. — CC. — Offre des formes nom-
breuses qui n'ont pas été suffisamment étudiées dans la Charente Inférieure.

— *trichophyllus*. Chaix. (*R. capillaceus*. Thuil.)
AC. — Rochefort! La Rochelle; etc.

— *fluitans*. Lam. (*R. peucedanifolius*. All.) AC.
— la Charente; la Boutonne; etc.

— *gramineus*. L. — AC. — Entre Soubise et Martrou; Surgères; Annecy; Fontpatour; etc.

— *lingua*. L. — C.

— *flammula*. — L. — C.

— — Var. b. — *reptans*. (*R. reptans*. Thuil.) AC.

1

— de Rochefort à Marennes ; Vergeroux ! etc.

— *ophioglossifolius.* Vill. — AC. — La Vallée ; Lafond ; Ile-d'Oleron ; etc.

— *nodiflorus* L. — RR. — Lafond ; (*Chevalier.*)
— Lesson *(Fl. Roch.* p. 23), l'indique entre La
Vallée et Lhoumée, mais la plante de son her-
bier n'est pas cette espèce

— *auricomus.* L. — AC. — Lhoumée ; Le Pin ;
Vergeroux ! Lafond ; Benon ; etc.

— *acris.* L. — CC.

— *Friesanus.* Jord. (*R. acris sylvaticus.* DC.) AR.
— Benon ; Lafond ; Surgères.

— *Borœanus* Jord (*R acris multifidus.* DC.) R. —
Périgny ; Lafond.

— *nemorosus.* DC. — R. — Lafond ; Montlieu ;
Rochefort.

— *repens.* L. — CC.

— — Var. b. — *erectus* — C.

— *bulbosus.* L. — CC. — Lesson *(Fl. Roch* p. 462)
distingue comme variétés, de simples formes,
auxquelles il donne les noms de *pratensis, maculatus* et *sepium.*

— *chœrophyllos.* L. — AR. — Vergeroux ! Fontcouverte ; St-Jean-d'Angély ; Fouras.

— *Monspeliacus.* L. — RR. — Fouras. (*De Beaupreau.*) La plante indiquée sous ce nom au Vergeroux *(St. Char. Inf.* p. 300), est l'espèce précédente.

— *sceleratus.* L. — C.

— *philonotis.* Ehrb. — C.

— — Var. b. — *parvulus.* — AC. — La Couar-
de, Ile de Ré ; Fouras ! etc.

— *trilobus* Desf. — R. — Rompsay ; vignes de St-
Denis, Ile-d'Oleron. — Lesson *(Fl. Roch.* p.
463), décrit cette plante, mais les échantillons
de son herbier appartiennent à l'espèce qui
précède.

— *parviflorus.* L. — C.

— *arvensis.* L. — CC.

FICARIA *ranunculoides.* Roth. (*Ranunculus Ficaria.*
L.) CC.

CALTHA *palustris.* L. — C.

HELLEBORUS *fœtidus.* L. — C.

NIGELLA *arvensis*. L. — C. — Lesson. (*Fl Roch.* p. 29), indique au Port d'Envaux, une variété qui ne paraît pas différer du type.
— *Damascena*. L. — AC. — Rochefort. Saintes! St-Jean-d'Angély; Montlieu; Surgères; etc.
AQUILEGIA *vulgaris*. L. — AC. — Tonnay-Charente! Le Pin; St-Porchaire; Montlieu; Le Douhet; etc.
DELPHINIUM *Ajacis*. L. — AC. — Royan; Martrou! Fouras! entre Marennes et Brouage; Ile-d'Oleron; Le Pin; etc.
— *Consolida* L. — C.
— *cardiopetalum*. DC. — R. Le Pin; Surgères; Vandré; Saintes
— *D pubescens*. DC. indiqué près de St-Médard, doit être l'objet de nouvelles recherches. Il en est de même d'*Aconitum lycoctonum*. L. et d'*A Napellus*. L. indiqués aux environs de St-Jean-d'Angély.

BERBÉRIDÉES.

BERBERIS *vulgaris*. L. — AR. — Périgny; La Vallée; Le Pin; St-Xandre; Le Chay.

NYMPHÉACÉES.

NYMPHAEA *alba*. L. — C.
NUPHAR *luteum*. Sm. (*Nymphœa*. L.) C.

PAPAVÉRACÉES.

PAPAVER *hybridum*. L. — AC. — La Rochelle; Surgères; Rochefort! Vergeroux! St-Jean-d'Angély; etc.
— *Argemone*. L. — C
— *dubium*. L. — C.
— *Rhœas*. L. — CC.
GLAUCIUM *luteum*. Scop. (*Chelidonium Glaucium*. L.) C. — Sur le littoral.
CHELIDONIUM *majus*. L. — CC.

FUMARIACÉES.

CORYDALIS *cava*. Schw. (*C. tuberosa*. DC.) R. — Rompsay? St-Rogatien?
FUMARIA *media*. Lois. — AR. — Vergeroux! Les

dix-Moulins près Rochefort !

— *officinalis*. L. — CC.

— *Vaillantii*. Lois. — AR. — Surgères! Aigrefeuille.

— *parviflora*. Lam. — AC. — Surgères! Port des Barques ! Angoulins ; la Tremblade; etc.

— F. *spicata*. L. mentionné avec doute, (*Cat. prov.* p. 4.) n'appartient pas à notre flore.

CRUCIFÈRES.

(SILIQUEUSES.)

MATTHIOLA *sinuata*. R. Br. (*Cheiranthus*. L.) C. Sables maritimes.

— M. *tricuspidata*. R. Br., a été indiqué, mais sans certitude, à l'Ile de Ré.

CHEIRANTHUS *Cheiri*. L. — CC.

NASTURTIUM *officinale*. R. Br. (*Sisymbrium Nasturtium* L.) CC.

— *amphibium*. R. Br. (*Sisymbrium*. L.) C. — Espèce à feuilles très variables — Lesson (*Fl. Roch.* p. 43) indique, à Lhoumée, une variété *angustifolium*.

— *sylvestre*. R. Br. (*Sisymbrium* L.) C.

— *palustre*. DC. (*Sisymbrium* L.) AC. — Brouage; Pons; Saintes; Le Pin; etc.

— *Pyrenaicum*. R. Br. (*Sisymbrium*. L.) AC. — Côteau de Chartres; Moulin du Lary; Muron! Breuil-Magné! etc.

BARBAREA *vulgaris*. R. Br. (*Erysimum Barbarea*. L.) C.

— *stricta*. Andrz. — AR. — Vergeroux! Rochefort! etc.

— *intermedia*. Bor. — RR. — Taugon la Ronde; (Hubert.)

— *præcox*. R. Br. — AC. — Lafond; St-Xandre! Perigny; Montlieu; Saintes; etc.

TURRITIS *glabra*. L. — RR. — Thairé; (d'Orbigny.)

ARABIS *Turrita* L. — RR. — Bois de la Garde aux valets, (Bonpland.)

— *sagittata*. DC. — C.

— *hirsuta*. Scop. (*Turritis hirsuta*. L.) R. — Fouras; Martrou; Hiers; Beaugeay.

— *Thaliana*. L. — CC.

CARDAMINE *amara*. L. — RR. — Candé; (De Beaupreau.)

— *pratensis.* L. — CC.

— *hirsuta.* L. — C.

— *impatiens.* L. — AR. — Forges; Salles; Aigrefeuille; Jonzac; la Rochecourbon; entre Nancras et Sablonceaux.

DENTARIA *digitata* Lam. — RR. — St-Jean-d'Angély; (*M George.*)

MALCOMIA *maritima.* R. Br. (*Cheiranthus.* L.) RR. — Fouras, (*Lesson.*) — Cette plante n'a pas été retrouvée spontanée dans la localité indiquée. — Cultivée, elle émigre souvent sur les murs.

— *littorea.* R. Br. (*Cheiranthus.* L.) R. — Chatelaillon; Fouras; Ile-d'Oleron. — La plante décrite sous ce nom, par Lesson, (*Fl. Roch.* p. 55.) est le *Matthiola sinuata.* R. Br.

SISYMBRIUM *officinale.* Scop. *Erysimum.* L.) CC.

— *Irio.* L. — R. — Lafond, St-Eloi; la Rochelle porte St-Nicolas.

— *Columnæ.* Jacq.

— — Var. b. — *Læselii.* (*S Læselii.* Thuil.) R. Sur les murs à la Rochelle! à St-Martin et à La Flotte, île de Ré.

— *Sophia.* L. — AR. — La Rochelle; Tonnay-Charente; Bourgneuf; Il-d'Oleron.

— *Alliaria.* Scop. (*Erysimum.* L.) C.

ERYSIMUM *cheiranthoides.* L. — AR. — Port d'Envaux; Nancras; Saintes.

— *Orientale.* R. Br. (*Brassica* L.) AR. — Anais; St-Rogatien; Clavette; Le Pin.

BRASSICA *oleracea.* L. — Cultivé.

— — Var. b. — *sylvestris.* (*B. sylvestris.* Dod.) RR. — Fouras, falaises au-dessous du bois de chênes verts; (*Delalande.*)

— *campestris.* L. — Subspontané à Charras! (*Lesson.*)

— *Cheiranthus.* Vill. (*B. Cheiranthos* et *cheiranthiflora,* DC.) C. — Côteaux et dunes du littoral.

ERUCASTRUM *Pollichii.* — Schimp. et Spen. (*Brassica Erucastrum.* L. Pro parte.) R. — Aunis; (*Guettard.*) Fouras; la Tremblade. — Lesson (*Fl. Roch.* p. 63.) l'indique à Martrou, mais la plante de son herbier parait être *Brassica oleracea.*

SINAPIS *arvensis.* L. — CC.

— *Var.* b. — *retrohispida.* (*S. Orientalis* .
Murr.) C.

— *alba.* L. — AR. — Le Pin ; Montlieu ; Lafond ;
Rochefort.

— *nigra.* L. — C.

— *incana.* L. — RR. — Terre nouvelle. bords du
canal. (*Hubert.*)

DIPLOTAXIS *tenuifolia.* DC. (*Sisymbrium.* L.) C. —
Sur le littoral.

— *muralis.* DC. (*Sisymbrium,* L.) R. — Ile de Ré ;
Jonzac ; Saintes.

— *viminea.* DC. (*Sisymbrium.* L.) C.

—*D. Erucoides.* DC. (*Sinapis.* L.) indiqué à Bourgneuf, ne parait pas appartenir à notre région.

RAPHANUS *Raphanistrum.* L. — CC.

(SILICULEUSES.)

RAPISTRUM *rugosum.* Berg. (*Myagrum.* L.) AR. —
St-Xandre ; La Rochelle ; Montlieu ; Fouras.

— *Crambe maritima.* L. a été indiqué à l'Ile
d'Aix par Lesson, (*Ann. marit.* 1820. part.
2, p. 57.) mais ce botaniste a reconnu plus tard
(*Fl. Roch.* p. 67,) qu'il ne l'avait jamais trouvé.
Cette plante a été également signalée, mais sans
certitude, à Fouras et à l'Ile d'Oleron.

CAKILE *maritima.* Scop. (*Bunias Cakile.* L.) C. sur
toute la côte.

BUNIAS *Erucago.* — L. — RR. — Le Pin ; (M•
George,)

CALEPINA *Corvini.* Desv. — AC. — Marennes ; Vergeroux ! St-Pierre-de-Surgères ! remparts de
la Rochelle ; St-Médard ; *etc.*

NESLIA *paniculata.* Desv. (*Myagrum.* L.) AR. —
St-Xandre ; Le Pin.

MYAGRUM *perfoliatum* L. — AC. — Périgny ; St-
Xandre ! Le Pin ; Surgéres ; Vandré ; *etc.*

ISATIS *tinctoria.* L. — R. — St-Jean-d'Angély ;
Aunai.

SENEBIERA *Coronopus.* Poir. (*Cochlearia.* L.) CC.

— *pinnatifida.* DC. (*Lepidium didymum.* L.) — R.
Montlieu ; la Rochelle, remblai de la nouvelle
jetée.

CAPSELLA *bursa pastoris*. Mœnch. (*Thlaspi*. L.) CC.
   Plante à feuilles très variables.

HUTCHINSIA *petræa*. R. Br. (*Lepidium*. L.) RR. —
   Le Pin ; (M. George.)

— *procumbens*. Desv. — RR. — La Rochelle, chan-
   tiers de construction ; (*Chevalier*.)

LEPIDIUM *latifolium*. L. — AR. — Ile de Ré; Ile
   d'Oleron ; Martrou; Peron.

— *graminifolium*. L. (*Iberis*. Willd. DC.) C.

— *ruderale*. L. — C. — Sur le littoral.

— *campestre*. R. Br. (*Thlaspi*. L.) C.

— *Smithii*. Hook. — RR. — Ile-d'Oleron ; (*Delalande*.)

— *sativum*. — L. — Subspontané dans le voisinage
   des jardins.

— *Draba*. L. — AC. — Brouage ; la Tremblade;
   Marennes; La Rochelle, remparts de la Porte-
   Neuve; etc.

BISCUTELLA *lœvigata*. L. — AC. — Tonnay-Boutonne ; St-Xandre! la Rochelle; Jonzac ; Nancras ; Le Pin ; Matha ; etc

— *coronopifolia*. Ail — R. — Jonzac; Gate Bourse ;
   — *B. cichorifolia*. Lois indiqué à Laubertière,
   a besoin d'être recherché de nouveau.

IBERIS *amara*. L. — CC.

— *pinnata*. L. — RR. — St-Pierre de Surgéres;
   (*Lepine*.)

      — *I. umbellata*. L. décrit par Lesson, (*Fl.
      Roch* p. 52.) comme spontané et assez rare dans
      nos moissons, se rencontre parfois en effet, mais
      sorti des jardins.

TEESDALIA *Iberis*. DC. (*Iberis nudicaulis*. L.) AC. —
   Arvert, la Tremblade; Montlieu ; Le Pin ; La
   Baleine , Ile de Ré; etc.

THLASPI *arvense*. L. — R. —La plante m'a été mon-
   trée , recueillie dans le département, mais
   sans indication précise de localité. — A
   rechercher.

— *perfoliatum*. L. — C.

CAMELINA *dentata*. Pers. —R.—Le Pin; Vergeroux !
   parmi le lin.

— *sativa*. Cr. (*Myagrum*. L.) R. — Périgny; Rompsay; Candé.

COCHLEARIA *Armoracia.* L.—AC. subspontané.—La Rochelle, fossés de la ville; Le Pin; La Sausaie, etc.

— *Danica.* L. — C. — Sur le littoral. Observé jusqu'au sommet de la Tour de Fouras! — C'est la plante que Lesson décrit (*Fl. Roch.* p. 50.) sous le nom de *C. officinalis.* L. Cette dernière espèce est seulement cultivée dans la Charente-Inférieure.

DRABA *verna.* L. — CC.

— *muralis.* L. — AR. — Tonnay-Charente; Angoulins; Le Pin; Salles; Aigrefeuille.

LUNARIA *biennis.* mœnch. — Subspontané. — Rochefort, fossés de l'allée Chevalier; Tonnay-Charente, dans le cimetière.

ALYSSUM *calycinum.* L. — C.

— *campestre.* L. — AR. — Angoulins; Chatelaillon; Fouras! Montlieu; Ile d'Oleron.

— *A. montanum.* L. indiqué dans les environs de St-Jean d'Angély, a besoin d'être recherché.

RÉSÉDACÉES.

RESEDA *lutea.* L. — C.

— *luteola.* — I. — C.

— *R. Phyteuma.* L. a été indiqué, mais sans certitude, dans le département.

ASTROCARPUS *purpurascens.* Walp. (*Reseda.* L.) RR. — Clérac, près du village de Frouin; (*Meilloranche.*)

CISTINÉES.

CISTUS *salvifolius.* L. — AC. sur le littoral. — Fouras! La Tremblade; Arvert; Ile d'Oleron; Ile d'Aix! Sablonceaux; Le Douhet; etc.

HELIANTHEMUM *guttatum.* Mill. (*Cistus.* L.) C.

— Var. b. — *maritimum.* Mut. — AC. Sur le littoral. — Fouras! etc.

— *alyssoides.* Vent. — R. — Montlieu, Montendre.

— *procumbens.* Dun. (*H. Fumana* auct. non Dun.) R. — St-Jean d'Angély; Le Pin.

— *vulgare.* Gœrtn. (*Cistus Helianthemum.* L.) C.

— *pulverulentum*. DC. — RR. — Le Pin ; (Me George.)

VIOLARIÉES.

Viola. *hirta*. — L. — C.
— *odorata*. L. — C.
— *Riviniana*. Reich. (*V. canina*. DC.) CC.
— *canina*. L. — AR. — La Rochelle ; Rochefort ; Vergeroux !
— *lancifolia*. Thore. AC. — marais de Nuaillé ; Anais ; Virson ! Aigrefeuille ; St-Pierre de Surgères ! *etc.*
— *tricolor*. L. — subspontané dans le voisinage des jardins.
— *agrestis*. Jord. — C.
— *gracilescens*. Jord. — AC. — La Tremblade ; Surgères ; Fouras ; *etc.* — C'est, je crois, la plante désignée par Lesson, (*Rép. au doct. Bobe Moreau*. p. 56.) sous le nom de *V. Rothomagensis*. Desf.
— *segetalis*. Jord. (*V. arvensis*. Murr.) C.
— *Nemausensis*. Jord. — AC. Sables maritimes. Fouras ! Ile d'Aix ! *etc.*

DROSÉRACÈES.

Drosera *rotundifolia*. L. — AR. — Forges ; Jonzac ; Montlieu ; Le Pin.
— *intermedia*. Hayne. (*D. longifolia*. Sm. non L.) AR. — Virson ; Forges ; Montlieu.
Parnassia *palustris*. L. — AC. — Entre Saintes et Saujon ; Montlieu ; Le Rochecourbon ; Pisany ; Meursac ; Narcras ; *etc.*

POLYGALÉES.

Polygala *vulgaris*. L. — CC.
— — *Var.* b. — *oxyptera*. (*P. oxyptera*. Reich.) AC. — de Fouras aux Trois-Canons et sans doute ailleurs.
— *calcarea*. Schultz. (*P. amarella*. Coss. et Germ.) RR. — Bois de Surgères. (*Hubert*.)
— *Austriaca*. Cr. — R. — Côteaux de la Bassetière ; (*Lesson*. Fl. Roch. p. 469, sous le nom de P. *amara*. L. Var. *Alpina*.); Saintes ; Montlieu.

2

— *depressa.* Wender. — AC. — Fouras ; Surgères ; Behon ; *etc.*

FRANKÉNIACÉES.

FRANKENIA *lœvis.* L. — C. sur le littoral. — Bords de la Charente jusqu'au Vergeroux !
— *F. intermedia.* DC. indiqué au Vergeroux, où je l'ai vainement cherché, et à la Pointe des Minimes, ne paraît pas appartenir à notre flore.

CARYOPHYLLÉES.

GYPSOPHILA *muralis.* L. — AC. — Vergeroux ! Montlieu ; Le Pin ; *etc.*

DIANTH s *prolifer.* L. — CC.

— *Armeria.* L. — C.

— *Carthusianorum.* L. — AR. — Arvert ; Le Pin ; Clocher de St-Eutrope à Saintes.

— *atrorubens.* All. — RR. — Ile d'Oleron ; (*De Beaupreau.*)

— *Caryophyllus.* L. — AC. — Tour de Tonnay-Boutonne ; châteaux de Tonnay-Charente ! et de Taillebourg ; églises St-Eutrope et St-Pierre de Saintes ; Méchers ; *etc.*

— *Gallicus.* Pers. — C. Sables maritimes.

SAPONARIA *Vaccaria.* L. — AC. — La Vallée ; Villedoux ; Surgères ; Tonnay - Boutonne ; Vandré ; *etc.*

— *officinalis.* L. — AC. — Tonnay-Boutonne ; Saintes ; La Rochelle ; Tour de Broue ; *etc.*

CUCUBALUS *bacciferus.* L. — AR. — Arènes de Saintes ; Montlieu ; Royan.

SILENE *inflata.* Smith. (*Cucubalus Behen.* L.) CC.

— *maritima.* With. — C. sur le littoral.

— *Thorei.* Duf. (*Cucubalus Fabarius.* Thore.) AC.
— Ile d'Oleron ; Ile d'Aix ! Fouras ; *etc.*

— *Otites.* Smith. (*Cucubalus.* L.) C. sur le littoral , R. à l'intérieur. — Arènes de Saintes ; Le Pin.

— — Var. b. — *umbellata.* — AC. Sables maritimes. — Fouras ! La Tremblade ; *etc.*

— *Portensis.* L. (*S. bicolor.* Thore.) C. — Sables du littoral.

— *annulata.* Thore. (*S. clandestina.* Duby.) RR. — Champs de lin au Vergeroux !

— *nutans*. L. — C.

— *Gallica*. L. (*S. Gallica* et *S. Anglica*. auct.) C. — La plante décrite par Lesson, (*Fl. Roch.* p. 83), sous le nom de *S. Jacopolis*, doit être rapportée à cette espèce.

— *conica*. L. — C. — Sables maritimes.

LYCHNIS *floscuculli*. L. — C.

— *vespertina*. Sibth. (*L. dioica*. var. *a*. L.) AR. — Benon ; Courçon ; La Tremblade ; Marans ; Le Pin ; Pons.

— *Githago*. Lam. (*Agrostemma* L.) CC. — La plante décrite par Lesson, (*Fl. Roch.* p. 86.) comme constituant la variété *Nicœensis*, diffère à peine du type.

SAGINA *procumbens*. L. — CC.

— *apetala*. L. — AR. — Vergeroux ! Fouras ! Montlieu.

— *maritima*. Don. — C. — Sur le littoral et jusqu'au Vergeroux !

SPERGULA *subulata*. Swartz. — R. — La Rochelle ; Montlieu.

— *nodosa*. L. — AR. — Royan ; La Tremblade ; Arvert. — Cette espèce est décrite par Lesson, (*Fl. Roch.* p. 88.) sous le nom de *S. glabra*. L.

— *arvensis*. L. — C.

— *vulgaris*. Boënng. — C.

— *pentandra*. L. — AR. — Fouras ; Vergeroux ! Le Pin.

HOLOSTEUM *umbellatum*. L. — AR. — St-Xandre ! Le Pin.

STELLARIA *nemorum*. L. — RR. — La Rochecourbon ; (*Bonpland.*)

— *neglecta*. Weihe. — AC. — Tonnay-Charente ! Rochefort ! etc.

— *media*. Vill. (*Alsine*. L.) CC.

— *viscida*. Bieb. — R. — Vergeroux ! Rochefort.

— *ho'ostea*. L. — CC.

— *glauca*. With. (*S. graminea*. var. *b*. L.) RR. Montlieu ; (*Meschinet.*)

— *graminea*. L. — C.

— *uliginosa*. Murr. (*Larbrœa aquatica*. St-Hil.) AC. — Montlieu ; Fouras : bords de la Charente, entre Taillebourg et Saintes ; *etc.*

HALIANTHUS *peploides*. Fries. (*Arenaria*. L.) C.
Sables maritimes.

ARENARIA *segetalis*. Lam. — R. — Chatelaillon ;
Ile Madame ; Le Pin.

— *rubra*. L. — C.

— *marina*, Roth. (*A. rubra*, var. *marina*. L.) C. sur
le littoral. — bords de la Charente jusqu'à Rochefort !

— *marginata*. DC. (*A. media*. L.) C. — Terrains
salés du littoral et au Vergeroux !

— *tenuifolia*. L. — CC. — C'est à cette espéce qu'il
faut rapporter la plante décrite par Lesson. (*Fl.
Roch*. p. 92.) sous le nom d'A. *mucronata*. DC.

— — *Var*. b. — *viscidula*. (*A. viscidula*. Thuil.)
A.C. région maritime.—La Rochelle; Rochefort;
Fouras! etc.

— *Serpyllifolia*. L. — CC.

— — *Var*. b. — *macrocarpa*, Lloyd. (*A. sphæro-
carpa*. Ten.) RR.—Port des Barques ; (*Lépine*.)

— *montana*. L. — AR. — Royan; Arvert; La
Tremblade ; Montlieu. — Cette espèce est décrite par Lesson, (*Fl. Roch*. p. 93.) sous le nom
d'A. *lanceolata*. All.

— *trinervia*. L. — AC. — Benon : Montlieu ; Tonnay-Charente! Fouras ! Le Pin; etc.

MOENCHIA *erecta*. Ehrh. (*Sagina*. L.) C.

CERASTIUM *triviale*. Link. (*C. vulgatum*. L. sp. C.
viscosum. L. herb.) CC.

— *glomeratum*. Thuil. (*C. viscosum*. L. sp ? *C.
vulgatum*. L. herb.) C.

— *brachypetalum*. Desp. — AC.—Fouras ! Saintes ;
Martrou ; etc.

— *semidecandrum*. L. — C.

— *glutinosum*. Fries. (*C. viscosum*. Duby.) C.

— *pumilum*. Curt. (*C. tetrandrum*. Curt.) C. Sables
maritimes.

— *arvense*. L. — R. — St-Jean d'Angély ; Saintes.

— *aquaticum*. L. — AC. — St-Martin de Villeneuve; Marans ; bords de la Charente, à Taillebourg ; etc.

ÉLATINÉES.

ELATINE *Alsinastrum*. L.—RR. — Canal de Candé;
(*De Beaupreau*.)

— *major*. Braun. (*E. hydropiper*. DC. non. L.)
RR. — La Rochecourbon ; *(Bonpland.)*

LINACÉES.

LINUM *Gallicum*. L. — C.
— *strictum*. L. — AR. — Martrou ; Ile d'Oleron ;
Fouras! Saintes ; St-Hilaire.
— — *Var*. b. — *corymbulosum*. (*L. corymbulosum*. Reich.) RR. — Ile d'Able ; *(Lépine.)*
—*L. maritimum*. L. signalé à l'Ile d'Oleron, à
Angoulins et à Fouras, y a été vainement cherché. On l'a en outre indiqué, mais par erreur
sans doute, dans le bois de Villeneuve, près de
St—Jean d'Angély.
— *usitatissimum*. L. — cultivé et subspontané.
— *angustifolium*. Huds. — C.
— *L. Narbonense*. L. a été indiqué, mais sans
certitude, à Montlieu.
— *tenuifolium*. L. — C.
— *salsoloides*. Lam. — R. — Jonzac ; Le Pin.
— *catharticum*. L. — CC.
RADIOLA *linoides*. Gmel. (*Linum Radiola*. L.) AR.
— Benon ; La Tremblade ; Fouras! Le Pin ;
Montlieu.

MALVACÉES.

MALVA *rotundifolia*. L. — CC.
— *Nicæensis*. All. — AC. — Le Rocher ; La Rochelle ; Brouage ; Ile de Ré ; Ile d'Oleron ;
Surgères ; Nancras ; Saintes ; St—Jean d'Angély ; etc.
— *sylvestris*. L. — CC.
— *Alcea*. L. — AC. — Benon ; Villedoux ; Le Pin ;
Pons ; etc.
— *moschata*. L. — AC. — Esnandes ; Marsilly ;
Le Pin ; Montlieu ; etc.
— *laciniata*. Desr. — R. — Romegou ; Clérac.
ALTHŒA *officinalis*. L. — C. surtout dans les marais maritimes.
— *cannabina*. L. — AC. — Saintes ; St-Jean d'Angely ; Breuil-Magné! Loire ; Muron! Virson!
Aigrefeuille! Matha ; Angoulins ; Surgères ;
Gourville ; etc.

— *hirsuta*. L. — AC. — Martrou; Tonnay-Charente; Gourville; Le Pin ; Fouras ! La Rochelle ; Soubise ; Vandré; Ile d'Able; *etc.*

LAVATERA *arborea*. L. — RR. — Ile d'Oleron, au Chateau, fossés de la citadelle. (*Delalande.*) subspontané à Rochefort! échappé sans doute du jardin botanique.

TILIACÉES.

TILIA *parvifolia*. Ehrh. (*T. Europœa.* ar. c. L.) RR. — Bois de Surgères ; (*Hubert.*)

— *grandifolia*. Ehrh. (*T. Europea.* Var. *b.* L.) ultivé et subspon é.

HYPÉRICIÉES.

ANDROSÆMUM *officinale*. All. (*Hypericum Androsœmum.* L.) R. — Jonzac; Clérac ; Le Douhet.

HYPERICUM *tetrapterum*. Fries. (*H. quadrangulare.* Sm.) AC.—Bussac; Rompsay ; Le Pin ; Montlieu ; *etc.*

— *quadrangulum*. L. — RR. — Sainte-Soule ; (*Hubert.*)

— *perforatum*. — CC.

— *humifusum*. L. — CC.

— H. *linearifolium*. Vahl. a été signalé dans le département, mais sans indication précise de localité. — On le trouve dans la Vendée

— *pulchrum*. L. — AC. Martrou; Fouras! Saintes ; Vergeroux ! Le Pin ; bois de Chartres; *etc.*

— *montanum*. L. — AR. — Montierneuf ! St-Jean d'Angle ; Montlieu; Bussac ; Béligon ; Martrou ! — Il faut rapporter à cette espèce la plante désignée avec doute (*Cat. prov.* p. **13.**) sous le nom de *H. fimbriatum.* Lam.

— *hirsutum*. L. — C.

ELODES *palustris*. Spach. (*Hypericum Elodes.* L.) AR. — Forges ; Montendre; Montlieu ; Le Pin.

ACÉRINÉES.

ACER *campestre*. L. — CC.

— — Var. *b.* — *hebecarpum*. — CC.

— — Var. *c.* — *collinum*. — C.

— *Monspessulanum*. L. — AC. — Trizav ; Rochefort ! Saintes ; Bussac , Surgères ; Tonnay-Charente ; Brouage ; Le Douhet ; *etc.*

—*A. pseudoplatanus*. L.—*A. platanoides*. L. et *A. opulifolium*. Vill. sont seulement cultivés, le dernier plus rarement.

HIPPOCASTANÉES.

Æsculus *Hippocastanum*. L. — Cultivé et subspontané.

AMPÉLIDÉES.

Vitis *vinifera*. L. — Cultivé.
— — *Var.* b. — *sylvestris*. (V. *sylvestris*. Gm.) C.

GERANIACÉES.

Geranium *sanguineum*. L. — AC. — Benon ; St-Agnan ; Martrou ; Le Pin ; La Rochecourbon ; St-Porchaire ; Surgères ; Nancras ; *etc.*

—Une plante trouvée au faubourg St-Eutrope, à Saintes, et qui m'a été désignée sous le nom de *G. macrochizum*. L. pourrait être le *G. Tuberosum*. L. qui se rencontre dans le département de la Vienne. — A rechercher.

— *columbinum*. L. — C.

— *dissectum*. L. — CC.

— *pusillum*. L. — AC. — Périgny ; Salles ; La Sausaie ; Tonnay-Charente ! *etc.*

— *molle*, L. — C.

— *rotundifolium*. L. — CC.

— *lucidum*. L. — AC. — Jonzac ; Saintes ; Lhoumée ; Martrou ! La Rochelle ; Marans ; bois de Chartres ; *etc.*

— *Robertianum*, L. — CC.

Erodium *cicutarium*, Willd. (*Geranium cicutarium*. L.) CC. — Plante très variable.

— *pilosum*. Bor. (*Geranium*. Thuil.) C. surtout dans les sables maritimes.

— *chœrophyllum*. Bor. (*Geranium*. Cav.) AC. — Rochefort ! La Rochelle ; Ile de Ré ; *etc.*

— *moschatum*. L'Hérit. (*Geranium*. L.) AC. — Rochefort ; Ile d'Oleron ; Fouras ! Hiers-Brouage Mirambeau ; *etc.*

— *malacoides*. Willd. (*Geranium*. L.) RR. — Le Pin ; (*M* George).—On le rencontrera probablement sur le littoral.

— *Botrys*. Bert. (*Geranium*. Cav.) RR. — Hiers-Brouage ; (*Lépine*.). — Cette plante, confondue d'abord avec E. *gruinum*. Vill. a été déterminée par M. Cosson. — L'espèce indiquée à l'Ile d'Oleron, sous le nom d'*E. glandulosum*. Willd. est peut-être également *E. Botrys*, qui n'avait pas encore été observé sur les bords de l'Ocean.

OXALIDÉES.

Oxalis *acetosella*. L. — R. Saintes ; Montguyon.
— *corniculata*. L. — RR. — Breuil - Magné ; (*Lépine*.)
— *stricta*. L. — AR. — Lussan ; Breuil-Magné ; Béligon.

BALSAMINÉES.

— *Impatiens noli tangere*. L. a été indiqué, mais sans certitude, dans la Charente-Inferieure.

ZYGOPHYLLÉES.

Tribulus *terrestris*. L. — AC. sur le littoral. — Arvert ; Fouras ! Ile d'Oleron ; Ile d'Aix ! etc.

RUTACÉES.

Ruta *graveolens*. L. — R. — Le Douhet ; Taillebourg !

CORIARIÉES.

Coriaria *myrtifolia*. L. — RR. — Fontaine d'Orange, entre Soubise et Martrou ; (*Lesson*.)

CÉLASTRINÉES.

Evonymus *Europœus*. L. — C.

RHAMNÉES.

Rhamnus *Frangula*. L. — C.
— *catharticus*. L. — AC. — St-Jean d'Angély ; Breuil-Marmaux ; Le Pin ; etc.
— *Alpinus*. L. — RR. Virson ; (*Bonpland*.) Planté sans doute par un des anciens propriétaires du château des Granges, en même temps que le

magnifique Tulipier (*Liriodendron tulipifera.* L.), qu'on admire encore aujourd'hui dans cette localité.

— *Alaternus.* L. — R. — Murs de Bicuage! bois de Bussac.

LÉGUMINEUSES.

ULEX *Europœus.* L. — CC.

— *nanus.* Smith. — C.

SAROTHAMNUS *scoparius.* Koch. (*Spartium.* L.) CC.

GENISTA *Anglica.* L. — C. — Midi du département.

— *Scorpius.* DC. (*Spartium.* L.) RR. — Forêt de Benon. (*Bonpland.*) n'a pas été retrouvé dans les environs de Rochefort, ou il avait également été indiqué.

— *tinctoria.* L. — C.

— *sagittalis.* L. — R. — St-Jean d'Angély; Le Pin. — G. *Candriensis.* L. signalé par Bonamy, dans les environs de La Rochelle, ne s'y rencontre pas spontané.

CYTISUS *Laburnum.* L. — Cultivé et subspontané.

— *sessilifolius.* L. — R. Ile d'Oleron ; Benon ; les Granges de Virson. — Souvent cultivé.

— *supinus.* L. — AC. — Forêt de Benon ; bois d'Essouvert ; Surgères ; etc.

ADENOCARPUS *parvifolius.* DC. (*Cytisus.* Lam.) RR. — Environs de La Rochelle ; (*Bonamy.*) se retrouve dans les Deux Sèvres! et dans la Vendée !

ONONIS *spinosa.* L. — R. — Bourgneuf, Ste Soule ; Rochefort.

— *repens.* L. (*O. arvensis.* Lam.) C. — La forme des sables maritimes, à feuilles petites, obovales, est le type linnéen. (*Lloyd.*)

— *striata* Gouan. — R. — Bois de Surgères ; Le Pin.

— *Columnœ.* All. (*O. minutissima.* Jacq. non L. — R. — Benon ; Maitrou.

— *natrix.* L. — C. — La forme très-rameuse (*O. ramosissima.* Desf.) a été observée dans les dunes de Royan ; (*Desmoulins.*)

— *Cherleri.* L. — R. — Pointe des Minimes; côte de Baisse-Lune; bois de Surgères.

3

— *reclinata*. L. — RR. Point de la pierre, entre Angoulins et La Rochelle. (*Gouget.*)

ANTHYLLIS *vulneraria*. L. — C.

MEDICAGO *sativa* L. — C.

— *falcata*. L. — AC. — Pointe des Minimes ; Vergeroux ! Pons ; Ile d'Aix ! etc.

— *lupulina*. L. — CC. — à fruits glabres ou hérissés.

— *marginata*. Willd. (*M. orbicularis*, auct. non. All.) AC. — Breuil-Magné ; (Lesson, fl. Roch. p. 137, sous le nom de *M. tornata*. Willd.) Vergeroux ! La Répentie ; Ile de Ré ; Laleu ; etc.

— *apiculata*. Willd. — AC. — Bourgneuf ; Ile d'Aix ! Rochefort ; Ile de Ré ; etc.

— *denticulata*. Willd — AC. — Montlieu ; Courçon ; Ile d'Aix ! Fouras ! Ile d'Oleron ; etc. — C'est à cette espèce qu'il faut rapporter la plante observée dans le midi du département, et désignée avec doute, (*Cat. prov.* p. 16.), sous le nom de *M. coronata*. Lam.

— *maculata*. Willd. C.

— *minima*. Lam. — CC.

— *littoralis*. Rhode. — AC. — Iles de Ré ; d'Aix ! et d'Oleron ; Chatelaillon ; Fouras ; etc. — cette espèce est décrite par Lesson, (*Fl. Roch. p. 139.*) Sous le nom de *M. muricata*. All.

— *striata*. Bast. — AC. — Royan ; Ile d'Oleron ; Fouras ! Ile d'Aix ! — mentionné. (*Stat. Char. Inf* p. 201.) sous le nom de *M. tornata*. Willd.

— *marina*. L. — C. Sur le littoral.

TRIGONELLA *Monspeliaca*. L. — RR. — Les dunes à Fouras ! — indiqué par erreur au Vergeroux. (*Stat. Ch. inf.* p. 301.)

— *gladiata*. Stev. (*T. prostrata*. DC.) RR. — Angoulins, un champ près de la mer ; (*De Beaupreau.*)

— *ornithopodioides*. DC. (*Trifolium*. L,) AR. — Le Pin ; Vergeroux ! Fouras.

MELILOTUS *arvensis*. Walr. (*M. Kochiana* DC.) C.

— *officinalis*. Willd. (*M. altissima*. Thuil.) AC. — La Vallée ; Bords ; Fouras ! Tonnay-Charente ; Surgères ; Vergeroux ! etc.

— *sulcata*. Desf. — RR. — Mortagne ; (*Desmoulins.*) Indiqué en outre à la Pointe des Minimes, (*Stat. Char Inf.* p. 300), mais la plante observée dans cette localité paraît être le *M. arvensis.*

— *alba.* Desr. (*M. leucantha.* Koch.) R. — La Tremblade ; Royan ; Marennes.

— *parviflora.* Desf. — AC. — Mortagne ; Royan : Fouras ! Pointe des Minimes et du Chay ; Ile d'Aix ! Ile d'Oleron ; *etc.*

TRIFOLIUM *angustifolium.* L. — AC. — Breuil-Magné ; Ile-d'Oleron ; Vergeroux ! Tonnay-Charente ; Surgères ; Montendre ; *etc.*

— *rubens.* L. — AC. — La Rochelle ; St-Crépin ; Surgères ; Vandré ; Jonzac ; *etc.*

— *incarnatum.* L. — Cultivé et naturalisé.

— — Var. b. —*Molineri.* (*T. Molineri.* Balb.) AC. — Vergeroux ! Rochefort ; *etc.*

— *arvense.* L. — C.

— — Var. b. — *gracile.*(*T. gracile.* Thuil.) AC. — Vergeroux ! Fouras ! *etc.*

— *lappaceum.* L. — R. — Le Pin ; Montlieu. — Commun dans les terrains calcaires de la Dordogne.

— *striatum.* L. — AC. — Rochefort ; Fouras ! Montlieu ; St-Agnant ; Hiers ; *etc.*

— *scabrum.* L. — AC. — Jonzac ; Montlieu ; Fouras ! Angoulins ; Ile d'Oleron , *etc.*

— *maritimum.* Huds. — C.

— — Var. b. — *Bastardianum.* (*T. Bastardianum.* Ser.) AC. — Vergeroux ! Ile d'Oleron ; Fouras ! *etc.*

— *Ochroleucum.* L. — AC. — La Bassetière ; Le Pin ; *etc.*—La variété *Santonicum.* Lesson, (*Fl. Roch* p. 146.) n'est pas distincte du type.

— *pratense.* — L. — CC.

— — *L. hirtum* All. signalé à Montlieu, ne me paraît pas appartenir à notre région. — *T. Stellatum* L. indiqué dans les environs de la Rochelle, a besoin d'être recherché.

— *fragiferum.* L. — CC.

— *resupinatum.* L. — AC. — La Rochelle ; La Tremblade ; Rochefort ! Vergeroux ! *etc.*

— *subterraneum.* L. — C.

— *suffocatum.* L. — RR. — Royan ; (*Lesson.*)

— *glomeratum*. — R. Fouras ! Montlieu.

— *strictum*. Waldst.—R.—Le Pin; Vergeroux ? — A rechercher.

— *repens*. L. — CC.

— — *Var.* b. — *phyllanthum*, Ser. — AC. Rochefort! Vergeroux ! *etc.*

— *Michelianum*. Sav. — AC. — La Rochelle; Rochefort; Breuil-Magné; *etc.*

— *hybridum*. L. — AR. — Aigrefeuille; Virson ; Tonnay–Charente ; Surgères ; Rochefort.

— *elegans*. Sav. — RR. — Chatelaillon, *(Hubert.)*

— *aureum*. Poll. *(T. agrarium* Willd. DC.) R. — Jonzac; Montlieu ; Breuil–Magné.

— *agrarium*. L. *(T. campestre*. Schreb.) C.

— *pseudo-procumbens*. Gm. *(T. procumbens*. Schreb. DC.) — C.

— *procumbens*. L. *(T. filiforme*. Schreb. DC.) CC.

— *filiforme*. L. — AR. — Royan ; Vergeroux ! Montlieu.

— *patens*. Schreb. — *(T. Parisiense*. DC.) AC. — St–Porchaire; Cercoux; Vergeroux! Champdolent ; St–Porchaire ; *etc.*—C'est la plante décrite par Lesson. *(Fl. Roch.* p. 151.) Sous le nom de *T. spadiceum*. L.

LOTUS *corniculatus*. L.—CC. — La forme à feuilles épaisses, *(L. crassifolius*. Pers.) est C. sur les bords de la mer et de la Charente jusqu'au Vergeroux !

— — *Var.* b. — *villosus*. *(L. villosus*. Ser.) AR. — Le Pin ; Bois de Chartres.

— — *Var.* c. — *elongatus*. *(L. elongatus*. Desv.) AC. — Ile d'Able; Bois de Chartres ; *etc.*

— *tenuifolius*. Rech. *(L. corniculatus tenuifolius*. L.) R. Le Pin; Montlieu ; Fouras !

— *uliginosus*. Schk. — *(L. major*. Smith.) C.

— *angustissimus*. L. — R. — Fouras ; embouchure de la Charente ;

— *hispidus*. Desf. — RR. — Vergeroux !

— *ornithopodioides*. L. — RR. — Béligon, au bord du chemin du Breuil–Magné ; *(Lesson.)*

DORYCNIUM *suffruticosum*. Vill. *(Lotus Dorycnium*. L.) AR. Ste–Mesme ; Méchers ; Le Meux; Jonzac; Archiac; Pérignac; Royan ; Mortagne.

— *rectum*. Serv. (*Lotus*. L.) R. — ¡Forêt de Benon ; Plassac.

— D. *hirsutum*. Serv. indiqué dans la forêt de Benon, doit être l'objet de nouvelles recherches.

TETRAGONOLOBUS *siliquosus*. Roth. (*Lotus*. L.) AC. La Bassetière ; St-Romain de Benet ; Saintes ; St-Jean d'Angély. etc.

— — Var. b. — *maritimus*. (*Lotus*. L.) AC. — Fouras ! Les Trois Canons ! etc.

GLYCYRRHIZA *glabra*. L. — Cultivé rarement et comme naturalisé çà et là.

GALEGA *officinalis*. L. — R. — Benon ; Ferrières ; —peut-être échappé des jardins.

ROBINIA *pseudacacia*. L. — Cultivé et naturalisé.

COLUTEA *arborescens*. L. — Cultivé. — Naturalisé à Tasdon.

ASTRAGALUS *glycyphyllos*. L. — AC. — Tonnay-Charente ; Le Pin ; Benon ; Virson ! Saintes ; Surgères ; etc.

— *hamosus*. L. — RR. — Fouras !

— *Monspessulanus*. L. — AC. — Martrou ! La Rochelle ; Surgères ; St-Porchaire ; Pons ; etc.

— *Bayonnensis*. Lois. — AR. — Ile d'Oleron ; Arvert ; La Tremblade.

— *purpureus*. L. — R. — La Rochelle ; Le Pin.

SCORPIURUS *subvillosa*. L. — RR. — Ile d'Oleron. (*Bonpland*.) deux pieds ont été observés, en 1848, sur la route de St-Denis au Château. (*Delalande*)

CORONILLA *varia*. L. — C.

— *minima*. L. — AC. — Martrou ! Benon ; Taillebourg ! Surgères ; Jonzac ; etc.

— *Scorpioides*. Koch. (*Ornithopus*. L.) AC. — Tonnay-Charente ; Lhoumée ; La Rochelle ! Courcoury ; Le Pin ; Virson ; etc.

ORNITHOPUS *ebracteatus*. Brot. — RR. — Vergeroux ? — A rechercher, principalement sur le littoral.

— *compressus*. L. — AC. — Breuil-Magné ; Vergeroux ! St-Jean d'Angle ; Hiers-Brouage ; Ile d'Oleron ; Le Pin ; etc.

— *perpusillus*. L. — AC. — Fouras ! Vergeroux ! Breuil-Magné ; Brouage ; Le Pin ; St-Jean d'Angle ; etc.

HIPPOCREPIS *comosa*. L. — C.

ONOBRYCHIS *sativa*. Lam. (*Hedysarum Onobrychis*. L.) Cultivé et subspontané.

— *supina*. DC. — RR. — Entre St-Fort et Mortagne ; (*Desmoulins*.)

ERVUM *Lens*. L. — Cultivé et subspontané.

— *hirsutum*. L. — C.

— *Ervilia*. L. — RR. — Royan ; (*Desmoulins*.)

VICIA *tetrasperma*. Mœnch. (*Ervum*. L.) C.

— *gracilis*. Lois. (*Ervum*. DC.) AC. — Bois d'Essouvert ; Vergeroux ! Bois de Chartres; Ile d'Able ; Moëse ; *etc.*

— *Cracca*. L. — C.

— *tenuifolia*. Roth. — AC. — Saintes ; La Rochelle ; *etc,*

— *varia*. Host. (*V. villosa glabrescens.* auct.) AC. — Royan ; Vergeroux ! Rochefort ; *etc.* — C'est l'espèce que Lesson décrit (*Fl. Roch.* p. 164.) sous le nom de *V. onobrychioides*. L.)

— *sativa*. L. — CC.

— *angustifolia*. Roth. — AC. — Breuil-Magné ! Vergeroux ! Bois de Chartres ; *etc.*

— *segetalis*. Thuil. — AC. — Surgères , Vandré ; Rochefort ! *etc.*

— *peregrina*. L. — RR. — Courçon ; (*Hubert.*) sera observé probablement ailleurs.

— *lathyroides*. L. — AC. — Royan ; Fouras ! *etc.* — Commun sur le littoral de la Vendée !

— *lutea*. L. — CC. — La variété *perennis*. Lesson (*Fl. Roch.* p. 167.) ne diffère pas du type. — *V. hybrida*. L. indiqué aux environs de St-Jean d'Angély, doit être l'objet de nouvelles recherches.

— *sepium*. L. — CC.

— *Bithynica*. L. — AR. — Rochefort ; Vergeroux ! La Rochelle.

— *Narbonensis*. L. — R. — Ile d'Oleron ; Rochefort ; Bois de Chartres.

PISUM *arvense*. L. — AR. — Rochefort ; Vergeroux ! Le Pin ; Saintes.

— *Tuffetii*. Lesson ! 1835. *Fl. Roch.* p. 170. (*P. Granulatum*. Lloyd ! 1844. *Fl. Loire Inf.* p. 75.) — AC. — Bois du littoral. — Fouras ; Breuil-

Magné ; Vergeroux ; Chartres ; Beaugeay ; *etc.*
— Varie à feuilles plus étroites et plus aigues,
dans des échantillons recueillis sur nos limites,
du côté de la Vendée. — Très voisin du *P.
elatius.* Bieb.

LATHYRUS *Aphaca.* L. — C.
— *Nissolia.* L. — AC. — Fouras ! Breuil-Magné ;
La Rochecourbon ; Vergeroux ; Le Pin ; *etc.*
   — *L. Setifolius.* L. — Indiqué à la Tremblade,
ne paraît pas appartenir à notre région.
— *sphœricus.* Retz. — AR. — Rochefort ; Fouras !
Bois de Chartres ; Martrou.
— *angulatus.* L. — AC. — Esnandes ; Marsilly ;
La Tremblade ; Fouras ; *etc.*
   — *L. annuus.* L. a été signalé dans le département, mais sans indication précise de localité.
— *sativus.* L. — cultivé et subspontané.
— *Cicera.* L. — cultivé et subspontané.
— *hirsutus.* L. — C.
— *tuberosus.* L. — RR. — Chatelaillon ; (*Bonpland.*)
— *pratensis.* L. — C.
— *sylvestris.* L. — AR. — Saintes ; Surgères ; Le Pin.
— *latifolius.* L. — AC. — Ile d'Oleron ; Bois d'Essouvert ; Rochefort ; St-Nazaire ; Surgères ;
etc. — C'est l'espèce que Lesson décrit (*Fl. Roch.*
p. 171.) sous le nom de *L. sylvestris.* L.
— *palustris.* L. — R. — Entre Martrou et Soubise ?
les Gonds près Saintes ; Surgères.
— *heterophyllus.* L. — AR. — La Rochelle ; Le Pin ;
La Vacherie, près Rochefort. — Cette espèce
est décrite par Lesson, (*Fl. Roch.* p. 174.) sous
le nom de *L. cirrhosus.* Ser.
OROBUS *vernus.* L. — R. — Rochefort ? Breuil-
Magné ? Fouras.
— *tuberosus.* L. — C.
— *albus.* L. — AC. — Tonnay-Charente ; Ardillières ! Breuil-Magné ! Fouras ! Surgères ;
Saintes ; St-Jean d'Angély ; *etc.*
— *niger.* L — AC. — Vandré ; Surgères ; Vergeroux ! Tonnay-Charente ; Pons ; *etc.*
LUPINUS *linifolius.* Roth. — R. — Arvert ; La
Tremblade ; Montlieu.

CERCIS *siliquastrum*. L. — Cultivé. — Naturalisé à Fontcouverte, loin de toute habitation.

ROSACÉES.

PRUNUS *spinosa*. L. — CC.

— *fruticans*. Weihe. (*P. spinosa macrocarpa.* auct.) AC. — Vergeroux ; Breuil-Magné ; etc.

— *insititia*. L. — AR. — Surgères ; Pauléon ; St-Georges du Bois.

— *Domestica*. L. — Cultivé et subspontané.

— *avium*. L. — C.

— *Juliana*. Reich. — Cultivé et subspontané.

— *Cerasus*. L. — — Haies de Quatre-ânes, près Rochefort ! Cultivé et subspontané ! etc.

SPIRÆA *Ulmaria*. L. — C.

— *Filipendula*. L. — AC. — Martrou ! Virson ! Le Pin ; Saujon ; Surgères ; St-Xandre ; etc.

GEUM *urbanum*. L. — CC.

RUBUS *cæsius*. L. — C.

— *dumetorum*. Weihe. (*R. corylifolius*. Reich.) AC. — St-Xandre ; Le Pin ; Vergeroux ; etc.

— *discolor*. Weihe. (*R. fruticosus*. Sm.) C.

— *tomentosus*. Borkh. (*R. canescens*. DC.) R. — Saintes ; Vergeroux ?

— *fruticosus*. L. — C.

— Les ronces de la Charente-Inférieure ont besoin d'être étudiées plus attentivement.

FRAGARIA *vesca*. L. — CC.

POTENTILLA *fragariastrum*. Ehrh. (*Fragaria sterilis*. L.) CC.

— *Vaillantii*. Nestl. — AC. — La Rochelle ; Saintes ; Surgères ; Vergeroux ! Béligon ; Le Douhet ; etc.

— *verna*. L. — C. — Lesson (*Fl. Roch.* p. 188), décrit cette espèce sous le nom de *P. verna*. Var. *montana*. Wallr. (*P. filiformis*. Vill.)
— *P. aurea*. L. indiqué aux environs de Rochefort, paraît étranger à notre région.

— *reptans*. L. — CC.

— *mixta*. Noll. — RR. — Bois de Surgères ; (*Hubert.*) — Cette plante pourra être rencontrée ailleurs.

— *Tormentilla*. Nestl. (*Tormentilla erecta*. L.) — C.

— *argentea*. L. — C.

— *Anserina*. L. — CC.

AGRIMONIA *Eupatoria*. L. — CC.

— *odorata*. Mill. — R. — Benon ; Le Pin.

ALCHEMILLA *vulgaris* L. — R. — Jonzac ; environs de St-Jean d'Angély.

— *arvensis*. Scop. (*Aphanes*. L.) CC.

SANGUISORBA *officinalis*. L. — AR. — Le Pin ; Surgères, Balanzac.

POTERIUM *muricatum*. Spach. (*P. Sanguisorba*. L. pro parte.) C.

    — Un examen plus attentif fera découvrir sans doute *P. Guestphalicum*. Bœnn. et *P. dictyocarpum*. Spach. qui ne diffèrent que par les caractères du fruit.

ROSA *sempervirens*. L. — R. — Vergeroux ! Laleu.

— *bibracteata*. Bast. — C.

— *arvensis*. L. — CC.

— *leucochroa*. Desv. (*R. brevistyla*. var. *a*. DC.) R. — Vergeroux ; Breuil-Magné.

— *stylosa*. Desv. — RR. — Fouras ! (*Lesson*. Supplément inédit.)

— *obtusifolia*. Desv. (*R. leucantha*. Bast.) RR. — Mauzé, (Deux-Sèvres,) sur nos limites. (*d'Orbigny*.)

— *Gallica*. L. — Cultivé et naturalisé çà et là.

— *pimpinellifolia*. DC. (*R. pimpinellifolia* et *spinosissima*. L.) AC. Sur le littoral : — Arvert ; Ile d'Oleron ; etc. — RR. à l'intérieur : — Le Pin. (*M. George*.)

— *Canina*. L. — CC.

— — Var. b. — *nitens*. (*R. nitens*. Desv.) C.

— *dumetorum*. Thuil. — AC. — St-Jean d'Angély ; la Sausaie ; Surgères ; *etc*.

— *sepium*. Thuil. — AC. — Dompierre ; St-Xandre ; Vergeroux ! Breuil-Magné ; *etc*.

— *rubiginosa*. L. — AC. — Saintes ; Le Pin ; Vergeroux ! *etc*.

    — Les rosiers du département n'ont pas été suffisamment étudiés.

CRATÆGUS *oxyacanthoides*. Thuil. — AC. — Vergeroux ! Surgères ; Rochefort ; *etc*.

— *oxyacantha*. L. — CC.

MESPILUS *Germanica*. L. — C.

CYDONIA *vulgaris*. Pers. (*Pyrus Cydonia.* L.) Cultivé et naturalisé dans les haies. — Muron : Ardillières ! *etc.*

PYRUS *pyraster*. Bor. (*P. communis pyraster.* L.) C.

MALUS *communis*. Poir. (*Pyrus Malus.* L.) C.

— *acerba*. Mér. — AR. — Le Pin ; Surgères.

SORBUS *domestica*. L. — AC. — St-Xandre ; St-Jean-d'Angély ; Breuil-Magné ; *etc.*

— *torminalis*. Crantz. (*Crataegus.* L.) C.

ONOGRAIRES.

EPILOBIUM *angustifolium*. L. — RR. — Périgny ; (*Bonpland.*)

— *hirsutum*. L. — C.

— *parviflorum*. Schreb. (*E. molle.* Lam.) C.

— — Var. b. — *intermedium*. Mér.) C.

— *montanum*. L. — AR. — Jonzac ; Le Pin ; Montlieu.

— *palustre*. L. — AR. — Saintes ; St-Ouen ; La Sausaie ; Surgères !

— *tetragonum*. L. — C.

— *roseum*. Schreb. — RR. — Montlieu ; (*Meschinet.*)

OENOTHERA *biennis* ; L. — AR. — Rochefort ; Chartres ; La Rochecourbon.

ISNARDIA *palustris*. L. AC. — Espandes ; Périgny ; entre Montendre et Chepniers ; Cercoux ; *etc.*

CIRCAEA *Lutetiana*. L. — C.

TRAPA *natans*. L. — AC. — La Forêt, près Rochefort ; St-Saturnin de Séchaud ; Candé ; Taugon ; Courçon ; Cran-Chaban ; La Leigne ; Le Pin ; *etc.*

HALORAGÉES.

MYRIOPHYLLUM *spicatum*. L. — C.

— *verticillatum*. L. — AC. — Forges ; Nieul ; Surgères ; Courcoury ; *etc.*

HIPPURIS *vulgaris*. L. — AC. — Nuaillé ; Candé ; St-Jean d'Angély ; Saintes ; Rochefort ; *etc.*

CALLITRICHE *stagnalis*. Scop. — CC.

— *platycarpa*. Kutz. — C.

— *Vernalis*. Kutz. — C.

— *pedunculata*. DC. — R. — Le Pin ; marais de Chartres.

—*autumnalis.* L.—R.—Les Trois Canons ; St-Hippolyte ; — C'est je pense la plante décrite par
Lesson, (*Fl. Roch.* p. 205.) sous le nom de *C.
tenella.* Mér.

CÉRATOPHYLLÉES.

CERATOPHYLLUM *demersum.* L. — C.
— *submersum.* L. — R. — La Rochelle ; Pons.

LYTHRARIÉES.

LYTHRUM *Salicaria.* L. — C.
— *hyssopifolia.* L. — AC. — Fouras ; Vergeroux !
Ile de Ré ; St-Jean d'Angély ; Saintes ; *etc.*
PEPLIS *portula.* L. — C.

TAMARISCINÉES.

TAMARIX *Anglica.* Web. (*T. Gallica.* Duby. pro
parte,) C. Sur le littoral.

CUCURBITACÉES.

BRYONIA *dioica.* L. — C.
ECBALLIUM *Elaterium.* Rich. (*Momordica.* L.) AR.
— Royan ; Fouras ! Le Château , Ile d'Oléron.

PORTULACÉES.

PORTULACA *oleracea.* L. — C.
MONTIA *minor.* Gmel. (*M. fontana.* L.) — AC. —
Rochefort ! Bеligon ; Taillebourg ! Le Pin ; *etc.*
— *rivularis.* Gmel. (*M. fontana major.* DC.) AC. —
Vergeroux ! Breuil-Magné ; *etc.*

PARONYCHIÉES.

SCLERANTHUS *annuus.* L. — C.
— *perennis.* L. — RR. — Martrou ; (*Lesson.*)
POLYCARPON *tetraphyllum.* L. — AC. — Roche-
fort ; Vergeroux ! Fouras ! Ste Gеmme ; Ile de
Ré ; St-Jean d'Angély ; *etc.*
ILLECEBRUM *verticillatum.* L. — R. — Périgny ?
Candé ; Clérac.
HERNIARIA *glabra.* L. — C.
— *hirsuta.* L. — C.
CORRIGIOLA *littoralis.* L. — C.
    — *C. telephiifolia.* Pour. mentionné avec

doute, (*Cat. prov.* p. 26.) n'a pas été recueilli dans la Charente-Inférieure.

GRASSULACÉES.

TILLÆA *muscosa.* L. — RR. — Fouras !
SEDUM *Telephium.* L. — AC. — Saintes ; Rochefort ; Vergeroux ! La Rochecourbon ; Le Pin ; Le Douhet ; etc.
— *Cepœa.* L. — C.
— *album.* L. — C.
— *rubens.* L. (*Crassula.* L.) C.
— *villosum.* L. — RR. — Arvert ; (*Lesson.*)
— *acre.* L. — CC.
— *anopetalum.* DC. — R. — Saintes ; Chaniers.
— *reflexum,* L. — AC. — Echillais ; Martrou ! Fouras ! Saintes ; Le Pin ; Tonnay-Charente ; Breuil-Magné ; etc.
SEMPERVIVUM *tectorum.* L. — C.
UMBILICUS *pendulinus.* DC. (*Cotyledon Umbilicus.* var. *b.* L.) C.

CACTÉES.

OPUNTIA *vulgaris.* Mill. (*Cactus Opuntia nana.* DC.) Naturalisé sur les murs à St-Fort, près de St-Jean d'Angle. (*Lipphardt.*)

GROSSULARIÉES.

RIBES *Uva crispa.* L. — R. — Mirambeau ; St-Jean d'Angély ? Saintes.

SAXIFRAGÉES.

SAXIFRAGA *tridactylites.* L. — CC.
— *granulata.* L. — R. — Saintes ; Le Pin.

OMBELLIFÈRES.

HYDROCOTYLE *vulgaris,* L. — C.
SANICULA *Europœa.* L. — C.
ERYNGIUM *campestre.* L. — CC.
— *maritimum.* L. — C. Sur le littoral.
CICUTA *virosa.* L. — RR. — Marais entre Rochefort et Muron ; (*Lipphardt.*)
APIUM *graveolens.* L. — C. Surtout dans la région maritime.

PETROSELINUM *sativum*. Hoffm. (*Apium Petroseli-*
num. L.) Cultivé et naturalisé çà et la.
— *segetum*. Koch. (*Sison* L.) AC. — Ile de Ré;
Surgères ; Nancras ; Rochefort ! etc.
TRINIA *vulgaris*. DC. (*Pimpinella dioica*. L.) AR. —
Benon ; La Rochecourbon ; La Répentie ;
Surgères.
HELOSCIADIUM *nodiflorum*. Koch. (*Sium*. L.) C.
— — *Var*. b. — *Ochreatum*. DC. (*Sium hybri-*
dum. Mér.) RR. — Ile d'Oleron. (*Delalande*.)
On le rencontrera sans doute près des sources
sur le littoral.
— *inundatum*. Koch. (*Sison*. L.) R. — Vergeroux !
Marais de St-Louis.
FALCARIA *Rivini*. Host. (*Sium Falcaria*. L.) CC.
SISON *Amomum*. L. — AC. — Fouras ! Vergeroux !
Marans ; Surgères ; etc.
AMMI *majus*. L. — C.
— *glaucifolium*. L. — AC. — Saintes ; St-Jean
d'Angély ; La Rochelle ; etc.
— *visnaga*. L. — RR. — Pointe la Vallière près
Royan. (*Monin*.) — La plante décrite sous ce
nom par Lesson, (*Fl. Roch*. p. 232.) est *A.*
majus.
ÆGOPODIUM *Podagraria*. L. — RR. — Village des
Lauriers près Soubise. (*Lipphardt*.)
CONOPODIUM *denudatum*. Koch. (*Bunium*. DC.) R.
Le Pin ; Bois de Villeneuve, près St-Jean
d'Angle.
PIMPINELLA *magna*. L. — RR. — Le Pin; (*Mc George*.)
— *saxifraga*. L. — C.
SIUM *latifolium*. L. — AR. — La Rochelle ; Marais
tourbeux de Surgères.
— *angustifolium*. L. — AC. — Périgny ; Rochefort ;
Surgères ; Vergeroux ! etc.
BUPLEVRUM *tenuissimum*. L. — C.
— *aristatum*. Bartl. (*B. Odontites*. Auct. non. L.)
C. Sur le littoral. — AR. à l'intérieur. —
Jonzac ; Montendre ; Martrou ! — Lesson, (*Fl.*
Roch. p. 227.) décrit deux fois cette espèce, sous
le nom de *B. odontites*. L, et sous celui de B.
ranunculoides. L.
— *Gerardi*. Jacq. — RR. — Martrou ; (*Lépine*.)

L'échantillon soumis à **M. Cosson**, était trop jeune et lui inspire quelques doutes. — L'espèce décrite sous ce nom par Lesson (*Fl. Roch.* p. 226.), est *B. tenuissimum.* — A rechercher.

— *falcatum.* L. — AC. — Saintes ; Surgères ; Le Pin ; Vergeroux ! Gourville ; etc.

— *rotundifolium.* L. — C.

— *protractum.* Linck. — AC. — Ile—d'Oleron ; Vandré ; La Rochelle ; Périgny ; St-Vénérand ; Rochefort ; etc.

— *B. fruticosum.* L. Mentionné comme très douteux (*Cat. prov.* p. 30,), est seulement cultivé.

Ænanthe *Phellandrium.* Lam. (*Phellandrium aquaticum*, L.) C.

— *fistulosa* L. — C.

— *peucedanifolia.* L. — C.

— *Lachenalii*, Gmel. (*Æ. Rhenana.* DC.) AC. — Angoulins ; Ile d'Oleron ; Nancras ; Surgères ; etc.

— *pimpinelloides.* L. — AC. — Charron ; Villedoux ; Le Pin ; Surgères ; Vergeroux ! etc.

— *crocata.* L. — AR. — La Rochelle ; St-Jean d'Angély.

Æthusa *Cynapium.* L. — CC.

Fœniculum *officinale.* All. (*Anethum Fœniculum.* L.) C.

Seseli *glaucum*, L. — CC.

— — Var., b. — *montanum.* (*S. montanum*, L.) C.

Libanotis *montana.* All. (*Athamantha, Libanotis.* L.) AR. — Le Pin ; Jonzac ; Pons ; Surgères ; Terre nouvelle.

Silaus *pratensis.* Bess. (*Peucedanum Silaus*, L.) AC. — St-Jean d'Angély ; Longèves ; Surgères ; Ardillières ! etc.

Crithmum *maritimum*, L. — C. Sur le littoral.

Angelica *sylvestris.* L. — A. — Bords de la Charente, de la Boutonne ; etc.

Peucedanum *officinale.* L. — R. — Périgny ; Le Chay.

— *Gallicum*, Lat. (*P. Parisiense*, DC.) AR. Saintes ; Le Pin ; Beaugeay, près de la pierre levée.

— *Chabræi.* Gaud. (*P. carvifolium*, Vill.) RR. Benon ; (De Beaupreau.)

— *Cervaria*, Lap. (*Athamantha*, L.) AR. — Surgères ; St-Georges du Bois.

— *Oreoselinum*. Mœnch. (*Athamantha*. L.). AR. —
Benon ; bois de la Rochebertin ; La Garde aux
Valets.
IMPERATORIA *ostruthium*. L. — RR. — St-Martin ; Ile
de Ré ; (*Hubert*.)
ANETHUM *graveolens*. L. — Cultivé et naturalisé ça
et la ; Rochefort ! *etc*.
PASTINACA *sylvestris*. Mil. (*P. sativa* var. *sylves-
tris*. DC.) CC.
HERACLEUM *Sphondylium*. L. — C.
TORDYLIUM *maximum*. L. — AC. — Virson ! Sur-
gères ; Saintes ; Laleu ; *etc*.
DAUCUS *Carotta*. L. — CC.
ORLAYA *grandiflora*. Hoffm. (*Caucalis*. L.) AC. —
Beurlelait ; La Vallée ; St-Crépin ; Saintes ;
Surgères ! Boissel Laleu ; Montlieu ; *etc*.
— *O. platycarpos*. Koch. (*Caucalis*. L.) a été
indiqué, mais sans certitude dans le départe-
ment.
CAUCALIS *daucoides*. L. — C.
— *leptophylla*. L. — RR. — Rochefort ; (*Lépine*.)
TURGENIA *latifolia*. Hoffm. (*Caucalis*. L.) AC. —
Vergeroux ! Laleu ; St-Xandre ; Surgères ;
Fouras ! *etc*.,
TORILIS *Anthriscus*. Gmel. (*Tordylium*. L.) C.
— *Helvetica*. Gmel. — C.
— *nodosa*. Gœrn. (*Tordylium*. L.) C.
SCANDIX *Pecten Veneris*. L. — CC.
ANTHRISCUS *vulgaris*. Pers. (*Scandix Anthriscus*.
L.) AC. — La Tremblade ; Ile de Ré ; La
Rochelle ; *etc*.
— *Cerefolium*. Hoffm. (*Scandix*. L.) cultivé et
subspontané.
— *sylvestris*. Hoffm. (*Chœrophyllum*. L.) AC. —
St-Jean d'Angély ; Rochefort ; *etc*.
CHÆROPHYLLUM *temulum*. L. — CC.
— *C. hirsutum*. L. — a été indiqué, mais sans
certitude, dans la Charente-Inférieure.— *C. no-
dosum*. Lam. Mentionné avec doute, (*Cat.
prov*, p. 28.) n'appartient pas à notre région.
CONIUM *maculatum*. L. — C.
SMYRNIUM *Olusatrum*. L. — AR. — Le Pin ;
Brouage ; Mortagne.

BIFORA *testiculata*. Spreng, (*Coriandrum*. L.) AC.
— Rochefort; Fougerolles ; St-Crépin ; Annezay ; St-Xandre ! La Rochelle ; Candé ; Surgères ; Saintes ; St-Jean d'Angély ; etc.

ARALIACÉES.

HEDERA *Helix*. L. — CC.
CORNUS *sanguinea*. L. — C.
— *mas*. L. — AC. — La Rochecourbon ; Benon ;
Pauléon ; St-Georges du Bois ; Saintes ; etc.

II. PLANTES A COROLLES MONOPÉTALES.

LORANTHACÉES.

VISCUM *album*. L. — C. — Observé une seule fois
sur le Chêne, à Germignac. (*Desmoulins*.)

CAPRIFOLIACÉES.

SAMBUCUS *Ebulus*. L — C.
— *nigra* L. — C.
VIBURNUM *Lantana*. L. — C.
— *Opulus*. L. — AC. — St-Xandre ! Bussac ; La
Rochecourbon ; Bois d'Essouvert ; etc.
LONICERA *Periclymenum*. L. — C.
— *Xylosteum*. L. — R. — Pons ; Marignac.

RUBIACÉES.

RUBIA *tinctorum*. L.—naturalisé ça et la.—Garenne
de St-Coux ; Dompierre ; Ardillières ! Saintes;
Le Pin : Montlieu ; etc.
— *peregrina*. L. (*R. peregrina* et *lucida*. auct.) CC.
— Lesson (*Fl Roch*. p. 247), décrit deux fois
cette espèce, sous les noms de *R. tinctorum*. et
de *R. lucida*. L.
GALIUM *Cruciata*. Scop. (*Valantia*. L.) C.
— *verum*. L. — C.
— La plante que Lesson décrit (*Fl. Roch*. p.
249.); sous le nom de *G. vernum*. Scop., espèce
qui n'appartient pas à notre flore, pourrait être
G. vero-mollugo. Wallr.
— *arenarium*. Lois. — C. Sur le littoral.
— *Sylvestre*. Poll. — C. — La forme hérissée infé-
rieurement. (*G. Bocconi*. DC. non All.) est AR.
— St-Jean d'Angély ; Le Pin.

— *divaricatum*. Lam. — R. — Rochefort ; La Rochelle ; La Bassetière.

— *Mollugo*. L. — C.

— *erectum*. Huds. — AC. — Vergeroux ! Rochefort ; Montlieu ; *etc.*

— *boreale*. L. — AR. — Surgères ; Pauléon ; Benon ; Le Pin.—Les deux formes à fruits glabres ou hérissés ont été observées.

— *palustre*. L. — C.

— *uliginosum*. L.—AR.— Nuaillé; Le Pin; Forges.

— *Anglicum*. Huds. — AC. — Surgères ; St-Jean d'Angély ; Tonnay-Charente ; Brouage ; *etc.*

— *Aparine*. L. — CC.

— *spurium*. L. — AR. — Le Pin ; Nieul. — C'est la forme à fruits hérissés de poils crochus. (*G. Vaillantii*. DC.) qui a été rencontrée.

— *tricorne*. With. — C.

— *saccharatum*. All. (*Valantia Aparine*. L. — RR. —Virson; (*Lesson*. Lettr. sur la Saintonge. p. 16.)

ASPERULA *odorata*. L. — R. — Bois d'Essouvert ; Saintes ; route de Mortagne.

     — *A. hirta*. Ram. Mentionné avec doute (*Cat. prov.* p. 32.), n'a pas été trouvé dans le département.

— *Cynanchica*. L. — C.

— *arvensis*. L. — AC. — La Rochelle ; St-Jean d'Angély ; Montlieu ; Surgères; *etc.*

SHERARDIA *arvensis*. L. — CC.

CRUCIANELLA *angustifolia*. L. — RR. — Environs de Rochefort. (Gaudichaud.)

— *maritima*. L. — RR.—Ile d'Oleron. (Bonpland.) Observé à la Tranche (Vendée), presque sur nos limites. (*Guettard*.)

VALÉRIANÉES.

VALERIANA. *officinalis*. L. — C.

—*dioica*. L.—AC. — Lhoumée ; Pons ; Courcoury; Marans ; La Rochecoumbou ; *etc.*

CENTRANTHUS *latifolius*. Dufr. (*Valeriana rubra*, Var. *a*. L.) AC. — Château de Taillebourg ! de Tonnay-Charente ! Eglise St-Eutrope, à Saintes ; remparts de la Rochelle ; *etc.*

— *Calcitrapa*. DC. (*Valeriana*. L.) R. — Murailles de Brouage et de Rochefort. — On ne le trouve plus dans cette dernière localité.

VALERIANELLA *olitoria*. Mœnch, — CC. — Les variétés *elatior* et *gracilis*, indiquées par Lesson (*Fl. Roch.* p. 254 et 255.), ne sont que de simples formes sans importance.

— *carinata*. Lois. — C. — Cette espèce est décrite par Lesson (*Fl. Roch.* p. 255.), sous le nom de V. *olitoria*, var. *pumila*. —V. *pumila*. DC. indiqué avec doute, (*Cat. prov.* p. 32.) est une espèce étrangère à notre flore.

— *auricula*. DC. — AC. — La Rochelle ; Rochefort ! St-Jean d'Angély ; etc,

— *rimosa*. Bast. (V. *dentata*. DC.) AC. — Esnandes ; Marsilly ; Ile d'Oleron ; etc. — CC. dans la Dordogne.

— V. *Morisonii*. DC. var. *dasycarpa*. (V. *mixta*. Duby.) a été signalé dans la Charente-Inférieure, mais sans indication précise de localité.

— *eriocarpa*. Desv. — AC. — Vergeroux ! Le Pin ; Les Trois Canons ! Ile d'Oleron ; etc.

GLOBULARIÈES.

GLOBULARIA *vulgaris*. L. — AC. — Martrou ! La Rochelle ; Surgères ; Nancras ; Montlieu ; etc.

DIPSACÈES.

DIPSACUS *sylvestris*, Mill. (D. *fullonum*. var. a. L.) CC.

SCABIOSA *arvensis* L. — C.

— — Var. b. — *integrifolia*. (S. *sylvatica*. auct. non. L.) AR.—Vergeroux ! Surgères ; Tonnay-Charente.

— *Succisa*. L. — CC.

— *Columbaria*. L. — C. — Une plante indiquée dans le bois de Bourgneuf, sous le nom de S. *lucida*. Vill., paraît devoir être rapportée a cette espèce.

COMPOSÉES.

(CORYMBIFÉRES.)

EUPATORIUM *cannabinum*. L. — C.

PETASITES *vulgaris*. Desf. (*Tussilago Petasites*. L.) RR. — Tonnay-Charente, près du chemin qui conduit a La Brulée. (*Bobe-Moreau.*)

Tussilago *Farfara.* L. — CC.

Aster *Tripolium.* L. — C. Sur le littoral et jusqu'au Vergeroux !

Erigeron *Canadensis.* L. — CC.

— *Acris.* L. — AC. — Vergeroux ! La Rochelle ; Saintes ; Surgères; Le Douhet ; *etc.*

Bellis *perennis.* L. — CC.

Solidago *virga aurea.* L. — C.

Linosyris *vulgaris.* Cass. (*Chrysocoma Linosyris.* L.) AC. — St-Agnant ; Angoulins ; Pointe des Minimes ; St-Savinien; Méchers ; Surgères; *etc.*

Micropus *erectus.* L. — AR. — La Rochelle ; Saintes ; Marans ; St-Jean d'Angély ; Montlieu.

Inula *Helenium.* L. — AC. — Bords de la Charente, au Vergeroux ! et à Saintes ; Muron ; Surgères ; Le Pin ; *etc.*

— *Conyza.* DC. (*Conyza squarrosa.* L.) — C.

— *Britannica.* L. — AR. — Saintes ; Le Pin ; Ste-Soule ; Bourgneuf.

— *squarrosa.* L. — AC. — Mortagne ; Royan ; Fouras! Martrou ; Beaugeay ; Ile d'Oleron ; Le Douhet ; *etc.*

— *Germanica.* L. — RR. — Royan. (*Desmoulins.*)

— *salicina.* L. — AR. — Saintes ; Le Pin ; Beaugeay ; Surgères.

— *montana.* L. — AC. — Martrou ; La Rochelle ; Saintes ; Aigrefeuille ; Beaugeay; Surgères ; Nancras ; *etc.*

— *graveolens.* Desf. (*Erigeron.* L.) AC. — Fouras ; Vergeroux ! Taillebourg ; Ile de Ré; *etc.*

— *crithmoides.* L. — C. Sur le littoral.

— *Pulicaria.* L. — C.

— *dysenterica.* L. — C.

   — *I. viscosa.* Desf. (*Erigeron.* L.) a été indiqué, mais sans certitude, à l Ile d'Oleron.

Buphtalmum *spinosum.* L. — RR, — Côteaux de Cheniers près Saintes ; (*Guillon.*)

Helianthus *tuberosus.* L. — Naturalisé presque partout où il a été cultivé.

Bidens *tripartita.* L.—AC.—La Rochelle; Le Pin; Bussac ; Saintes ; *etc.*

— *cernua.* L. — AC. — Lhoumée ; Arvert ; Forges ; Marans ; etc. — *B. minima.* **L.** décrit par Lesson, (*Fl. Roch.* p. 281.) est la même plante plus petite.

ANTHEMIS *nobilis.* **L.** — **AC.** — Rochefort ; Fouras ! La Rochelle ; Vergeroux ! Benon ; etc.

— *Cotula.* **L.** — **CC.**

— *mixta.* **L.** — **AR.** — La Tremblade; Surgères; Le Pin ; Rochefort.

— *arvensis.* **L.** — **C.**

— *A. maritima.* **L.** mentionné, par inadvertance sans doute, (*Cat. prov.* p. 35.) n'a pas été trouvé dans la Charente-Inférieure.

ACHILLEA. *Millefolium.* **L.** — **CC.**

— Poiret, (*Encyclopédie.* suppl. t. I. p. 102.) décrit, sous le nom d'A. *capillaris,* une plante de l'herbier de Desfontaines, recueillie dans les environs de La Rochelle, qui me paraît n'être qu'une variation peu importante de l'espèce précédente.

— *Ptarmica.* **L.** — **AR.** — Bords de la Charente ; Saintes ; St-Savinien.

DIOTIS *candissima.* **Desf.** (*Athanasia maritima.* **L.**) **AR.** — Chatelaillon ; Fouras ! Angoulins ; Ile d'Oleron ; Ile de Ré.

LEUCANTHEMUM *vulgare.* **Lam.** (*Chrysanthemum Leucanthemum.* **L.**) **CC.**

MATRICARIA *Chamomilla.* **L.** — **AR.** — St-Pierre du Palais ; Marans ; Rochefort ; La Rochelle.

— M. Boreau (*Flore du centre* t. II. p. 277.), fait observer que le M. *suaveolens* des flores, est seulement une forme a fleurs plus petites, en corymbe plus fourni. — Cette plante a été indiquée au Rocher, près de la route de la Rochelle à Rochefort.

— *inodora.* **L.** (*Chrysanthemum.* **L.** sp.) — **AC.** — Rochefort, St-Jean d'Angély ; Montlieu ; etc.

— — Var b. *maritima.* (*M. maritima.* **L.**) — **AC.** sur le littoral ; Fouras ! Ile-d'Oleron ; etc.

PYRETHRUM *corymbosum.* **Willd.** (*Chrysanthemum Corymbiferum.* **L.** — **R.** — Le Pin; Saint-Georges-du-Bois.

— *Parthenium* **Sm.** (*Matricaria Parthenium.* **L.**) **AR.** Se rencontre par fois sur les murs ;

Vergeroux ! Rochefort.

CHRYSANTHEMUM *segetum*. L. — C.

ARTEMISIA *Absinthium*. L. — AR. Spontané. — La Rochelle ; St-Hippolyte ; Le Pin ; la Tour de Brou ; Surgères.

— *camphorata*. Vill. (*A. corymbosa*. Lam.) R. — Royan; Taillebourg. — C. Sur les côteaux, dans le département de la Charente, (*Guillon*.)

— *Santonica*. Lesson, *Fl. Roch.* p. 278. non L.

— — *Var.* a. — *maritima*. (*A. maritima*. L.) C.

— — *Var.* b. *Gallica*. (*A. Gallica*. Auct.) AC.— Ile de Ré ; Ile d'Oleron ; Royan ; *etc.*

— *campestris*. L. — AR. — Surgères ; Fouras ! La Tremblade; Embouchure de la Seudre ; Le Douhet.

— — *Var.* b. — *maritima*. (*A. crithmifolia*. DC.) C. Sables du littoral.

— *vulgaris*. L. — C.

TANACETUM *vulgare*. L. — AR. Spontané. — Marennes; Soubise; Taillebourg !

HELICHRYSUM *Stœchas*. DC. (*Gnaphalium*. L.) CC. Sur le littoral.—AR. à l'intérieur.—Entre Soubise et Martrou ! La Rochecourbon; St-Porchaire ; Lhoumée ; route de La Rochelle à Mauzé ! Le Douhet.

— *H. arenarium*. DC. (*Gnaphalium*. L.), indiqué à l'Ile de Ré, doit être recherché de nouveau.

GNAPHALIUM. *sylvaticum*. L. — RR. — Bois d'Essouvert ; (*M. George*.)

— *uliginosum*. L. — C.

— *luteoalbum*. L. — AC. — Brouage; Pons ; Marans ; Le Pin ; Vergeroux ! *etc.*

— *dioicum*. L.—RR.—Forêt de Benon; (*Bonpland*.)

FILAGO *spathulata*. Presl. (*F. Jussiæi*. Coss. et Germ.) AC. — Entre Muron et Surgères, au bord de la grande route ! Vandré ; Saintes ; entre Nancras et Sablonceaux ; *etc.*

— *Germanica*. L. — C.

— *arvensis*. L. — C.

— *montana*. L. — AR. — Le Pin ; Le Vergeroux !

— *Gallica*. L. — C.

DRONICUM *Pardalianches*. L. — Naturalisé a

Périgny.

CINERARIA *palustris*. L. — R. —Forges ; Tasdon ?

SENECIO *vulgaris*. L. — CC.

— *viscosus* L. — RR. — Le Pin ; (*Me George*.)

— *sylvaticus*. L. — AC. — Saintes ; Vergeroux !
Montlieu ; Fouras ! etc.

   — *S. squalidus*. L. mentionné avec doute,
(*Cat. prov*. p. 33.) ne paraît pas appartenir à
notre région.

— *crucifolius*. L. — AC. — Le Pin ; Ile de Ré ;
Ile d'Oleron ; Surgères ; Vandré ; etc.

— *Jacobœa*. L. — CC.

— *aquaticus*. Huds. — AC. — Martrou ; Vergeroux ! Taillebourg ! Tonnay-Charente ; etc.

— *Doronicum*. L. — R. — Forêt de Benon ; Bois
de Surgères.

CALENDULA *arvensis*. L. — C.

(CYNAROCÉPHALES.)

XERANTHEMUM *cylindraceum*. Sm. (X. *inapertum*.
Duby. non Willd.) AC. — Brouage ; Saintes ;
La Rochelle ; Breuil Magné ! Terre nouvelle ;
Beaugeay ; Moëse ; Saujon ; Ile d'Oleron ; etc.

   — *Galactites tomentosa*. Mœnch. (*Centaurea
Galactites*. L.) indiqué aux environs de St-Jean
d'Angély, doit être recherché de nouveau.

CARLINA *vulgaris* L. — CC.

   — *Crupina vulgaris*. Cass. (*Centaurea Crupina*.
L.) a été indiqué, mais sans certitude, aux environs de La Rochelle.

CENTAUREA *Jacea*. L. — C.

— *pratensis*. Thuil. (*C. nigrescens*. mult. auct.) C.

— *serotina*. Bor. (*C. amara*. Thuil. non. L.) AC.
   — Vergeroux ! Breuil-Magné ! Fouras ! etc.

— *nigra*. L. — AC.—Rochefort ; Bois de Surgères,
Vergeroux ! Le Pin ; etc.

— *Cyanus*. L. — CC.

— *scabiosa*. L. — AC. — La Rochelle ; Rochefort ! Vergeroux! Saiñtes ; St-Jean d'Angély ; etc.

— *maculosa*. Lam.—RR. — Montlieu ; (*Meschind*.)

— *Calcitrapa*. L. — CC.

— *myacantha*. DC. — RR. — Vergeroux ! trouvé
une seule fois.

— *C. Sphœrocephala*. L. et *C. calcitrapoides*.
L., ont été indiqués, mais sans certitude, dans
la Charente-Inférieure.

— *aspera*. L. — C. dans les sables maritimes. —
C'est l'espèce que Lesson décrit, (*Fl. Roch.* p.
202.) sous le nom de *C. solstitialis*. L.

— Guettard, indique comme se trouvant com-
munément dans les sables, en allant de la Rochelle à Rochefort, *C. splendens*. L. Mais cette
indication est nécessairement erronée. — *C.
Benedicta* que Lesson décrit, (*Fl. Roch.* p. 292.)
comme spontané dans les environs de Rochefort, est seulement cultivé.

KENTROPHYLLUM *lanatum*. Duby. (*Carthamus*.) L — C.

CARDUNCELLUS *mitissimus*. DC. (*Carthamus*. L.)
AC. — Martrou ! Fouras ! La Basselière ; La
Rochelle ; St-Xandre ; Bourgneuf ; Saintes ;
Surgères ; Fontcouverte ; Ile d'Abie ; Vandré ;
etc. — Espèce décrite par Lesson , (*Fl. Roch.* p.
283.) sous le nom de *C. Monspeliensium*. L.

— — *Var. b.* — *caulescens*. — AC. mêlé au type.
— Vergeroux ! Taillebourg ! *etc*.

SILYBUM *Marianum*. Gœrtn. (*Carduus*. L.) C.

ONOPORDUM *Acanthium*. L. — C.

CARDUUS *tenuiflorus*. Sm. — CC.

— *crispus*. L. — AR. — Environs de Rochefort. —
Décrit par Lesson, (*Fl. Roch.* p. 286.) sous le
nom de *C. Acanthoides*. L.

— *nutans*. L. — CC.

— *nigrescens*. Vill. — RR. — Le Pin ; (M. George.)
— *C. podacanthus*. DC, mentionné comme
très douteux, (*Cat. prov.* p. 37.) n'appartient
pas à notre flore.

CIRSIUM *palustre*. Scop. (*carduus*. L.) C.

— *lanceolatum*. Scop. (*carduus*. L.) CC.

— *eriophorum*. Scop. (*carduus*. L.) C.

— *acaule*. All. (*carduus*. L.) CC.

— — *Var. b.* — *caulescens*. (*Cnicus dubius*.
Willd.) AC. — Vergeroux ! Surgères ; Taillebourg ! *etc*.

— *bulbosum*. DC. (*Carduus tuberosus*. var. *b*. L.)
AR. — Bords de la Charente ; Surgères ;
Fouras ; Ile d'Able ; Vergeroux ! Vandré.

— *Anglicum*. DC. — C.

— *C. heterophyllum*. All. indiqué aux environs de St-Jean d'Angély, paraît étranger à notre région.

— *arvense*. Lam. (*Serratula*. L.) CC.

LAPPA *minor*. DC. (*Arctium Lappa*. Var. *a*. L.) CC.

— *major*. Gœrtn. (*Arctium Lappa*. Wild.) AC. — Surgères ; Rompsai ; Saintes ; Vergeroux ! etc.

— *tomentosa*. Lam. (*Arctium Lappa*. var. *b*. L.) RR. — Le Pin ; (M$_c$ George.) — C. dans la Dordogne.

SERRATULA *tinctoria*, L. — C.

(CHICORACÉES.)

SCOLYMUS *Hispanicus*. L. — AR. — Ile d'Oleron ; La Rochelle; Méchers;Royan.—Cette espèce est décrite par Lesson, (*Fl. Roch*. p. 296.) sous le nom de S. *maculatus*. L.

CATANANCHE *cœrulea*. L.—AC. — Le Douhet; Surgères ; Boissel Fouras ; Jonzac ; Tonnay-Boutonne ; Le Pin ; Annezai ; St-Crépin ; etc.

LAPSANA *communis*. L. — CC.

ZACYNTHA *verrucosa*. Gœrtn. (*Lapsana Zacyntha*. L.) C. Sur le littoral.

ARNOSERIS *pusilla*. Gœrtn. (*Hyoseris minima*. L. *Lapsana* Lam.) AR. — Surgères ; Montlieu ; Ile de Ré.

— *Rhagadiolus stellatus*. Gœrtn., décrit par Lesson, sans indication de localité, (*Fl. Roch*. p. 303) n'est pas spontané dans la Charente-Inférieure.

CICHORIUM *Intybus*. L. — CC.

HYPOCHOERIS *glabra*. L. — AC. — St-Jean d'Angély ; Vergeroux ! Fouras ! etc.

— *radicata* L. — CC.

—*maculata*. L. — RR. — Bois de Surgères ; (*De Beaupreau*.) — La forme *simplex*. Duby. à tige uniflore, a été observée dans la même localité. (*Delalande.*)

THRINCIA *hirta*. Roth. — CC.

— — Var. b. — *arenaria*. DC. (*T. hispida*. Less. *Fl. Roch* p 311.) AC. Sur le littoral.—Fouras! Angoulins ; Rochefort ; etc.

LEONTODON *autumnalis*. L. — C.

— *hispidus.* L. — C.

— *hastile.* L. — R. — La Rochelle ; Martrou ; St-Ouen ; Le Pin.

PODOSPERMUM *lacinictum.* DC. (*Scorzonera.* L.) C.

TRAGOPOGON *pratensis.* L. — C.

— *major,* Jacq. — R. Fouras; Archiac.

— *porrifolius.* L. — C.

— Sous le nom de *T. Hybridum,* Lesson décrit (*Fl. Roch.* p. 3C9.) une plante recueillie à La Va'lée, qui paraît avoir quelques rapports avec le *T. crocifolius.* L. — a retrouver..

SCORZONERA *hirsuta.* L. — AR. — La Rochelle ; Martrou ! Benon; Rochefort; Surgères; Esnandes. — Espèce décrite par Lesson. (*Fl. Roch.* p. 311) sous le nom de *Podospermum subulatum.* DC.

— *angustifolia.* L. — AC. — Fouras; la Rochelle; Pointe de Boyard, Ile d'Oleron; *etc.*

— *plantaginea.* Scheilch. — C.

— *Austriaca.* Gaud (*S. humilis.* L.) AR. — Martrou ! Saint-Jean-d'Angle; Lhoumée; Le Pin.

PICRIS *hieracioides.* L. — AC. — Esnaudes; Rompsay; Tonnay-Charente; *etc.*

HELMINTHIA *Echioides.* Gœrtn. (*Picris.* L.) C.

LACTUCA *perennis.* L. — C.

— *Scariola.* L. — CC.

— *virosa.* L. — C.

— *saligna.* L. — C.

— *muralis.* Fres. (*Prenanthes.* L.) AR. — Périgny La Jarne; Le Pin; la Rochecourbon; Jonzac.

CHONDRILLA *juncea.* L. — C.

TARAXACUM *officinale.* Wigg. (*Leontodon Taraxacum.* L.) CC.

— *lœvigatum.* DC. — C.

— *erythrospermum.* Andr. — AC. — Vergeroux ! Fouras ! *etc.*

— *palustre* DC. — AC. — Saint-Xandre ! Vergeroux ! Angoulins; *etc.*

CREPIS *fœtida.* L (*Barkhausia.* DC.) C.

— *taraxacifolia.* Thuil. (*Barkhausia.* DC.) C.

— *Suffreniana.* Steud (*Barkhausia.* DC.) AC. sur le littoral. — Angoulins; Ile d'Oleron; Fouras; Chatelaillon; *etc.*

— *diffusa.* DC. (*C. virens.* L.) CC.

— *virens.* DC. — CC.

— *agrestis.* W. et Kit. — C. — C'est cette espèce que Lesson décrit, (*Fl. Roch.* p. 305), sous le nom de *C. biennis.* L.

— *tectorum.* L. — R. — Le Pin? Saint-Porchaire.

— *biennis.* L. — R. — Villedoux; Le Pin.

— *pulchra.* L. (*Prenanthes.* DC.) C.

— *paludosa.* Mœnch. (*Hieracium.* L.) RR. — Entre Martrou et Soubise. (*Lesson.*)

— *bulbosa.* Tausch. (*Leontodon.* L.) RR. — Ile d'Oleron, à Boyardville (*Gouget*) et à Saint-Trojan. (*Delalande.*)

SONCHUS *oleraceus.* L. — C.

— *asper.* Vill. — C.

— *arvensis.* L. — AC. — Vergeroux ! La Rochelle; Le Pin; *etc.*

— *palustris.* L. — R. — Tonnay-Boutonne ; Martrou ?

— *maritimus.* L. — AC. sur le littoral. — Ile d'Oleron; Fouras; *etc.*

HIERACIUM *pilosella.* L. — CC.

— *Pelleterianum.* DC. — RR. —Fouras; (*Lessson.*)

— *auricula.* L. — AC. — Vergeroux ! Martrou ! *etc.*

— *murorum.* L. — AC. — Martrou; La Rochelle; Brouage; *etc.*

— *sylvaticum.* Sm. — AC. —Le Pin ; Saint-Porchaire; Martrou; *etc.*

— *umbellatum.* L. — C.

— *Eriophorum.* St-Am. — RR. — Sables maritimes à l'Ile d'Oleron; (*De Beaupreau.*)

ANDRYALA *integrifolia.* L. — AC. — Ile d'Aix; Ile d'Oleron; Pons; Jonzac; Vergeroux ! Montlieu; Saujon; Saintes; Surgères; Saint-Clément; Le Douhet; Annepont; *etc.*

AMBROSIACÉES.

XANTHIUM *Strumarium.* L. — AC. — Saintes; Ile d'Oleron; La Rochelle; Ile de Ré; *etc.*

— *macrocarpum.* DC. — R. — Pont-de-la-Pierre; Angoulins; Moëse.

—X. *spinosum.* L. est indiqué dans le midi du département. — A rechercher.

LOBÉLIACÉES.

LOBELIA *urens*. L. — AR. — Périgny, Le Planty près du Gua; Le Pin; Montlieu.

CAMPANULACÉES.

JASIONE *montana*. L. — CC.
— — *var*. b. — *maritima*. Lloyd. — C. sur le littoral.
PHYTEUMA *spicatum*. L. — R. — Le Pin; Montlieu.
— *orbiculare*. L. — AR. — Jonzac ; Pérignac ; Surgères.
WAHLENBERGIA *hederacea*. Reich. (*Campanula*. L.) RR. — Saintes ; (*Bourignon*.)
CAMPANULA *glomerata*. L. — AC. — Martrou ; Breuil-Magné; Saintes; Surgères; Vandré; etc.
— *Trachelium*. L. — C.
— *persicifolia* L. — RR. — Le Pin; (Me George)
— *Rapunculus*. L. — C.
— *patula*. L. — R. — Vergeroux ! Saint-Jean-d'Angély.
— *rotundifolia*. L. — AR. — Saintes; Benon; Jonzac; Port d'Envaux; Montlieu.
— *Erinus*. L. — AC. — Saint-Jean-d'Angély ; Jonzac ; Saintes ; Courcoury; Taillebourg ! Balanzac ; Le Douhet; *etc*.
SPECULARIA *Speculum*. Alph. DC. (*Campanula*. L.) AC. — Forges; Lafond; Virson; Candé; *etc*.
— *hybrida*. Alph. DC. *(Campanula*. L) AC — Vergeroux ! Le Pin; Montlieu; Martrou; *etc*,

ÉRICACÉES.

ARBUTUS *Unedo*. L. — RR. — Forêt d'Arvert; (*Bonamy*.) — Naturalisé à Lagord.
CALLUNA *vulgaris*. Salisb. (*Erica*. L.) CC.
ERICA *cinerea*. L. — CC.
— *tetralix*. L. — AC. — Montendre; Montlieu ; Mirambeau; Le Pin; *etc*.
— *ciliaris*. L. — RR. — Montlieu; (*Meschinet*.)
— *vagans* L. (*E. multiflora*. Duby non L. RR. — Royan; (*Lesson*.)
— *mediterranea*. Thunb. — R. — Montlieu ; Royan.
— *scoparia*. L — CC.

MONOTROPÉES.

Hypopitys *multiflóra*. Scop. (*Monotropa Hypopitys*. L) — RR. — Forêt d'Arvert; (*De Beaupreau*.)

LENTIBULARIÉES.

Utricularia *vulgaris*. L. — AC. — Chatelaillon; Le Pin; Vergeroux! La Rochelle; Rochefort; *etc*.
— *minor*. L. — R. — Surgères ! Virson.
Pinguicula *vulgaris*. L. — R. — Entre Soubise et Martrou ! Saint-Jean-d'Angély ?
— *Lusitanica* L. — R. — Forges ; Saint-Symphorien ; entre Clérac et Cercoux ; Montlieu.

PRIMULACÉES.

Hottonia *palustris*. L. — C.
Primula *officinalis*. L. (*P. veris*. Var. *a*. L.) CC.
— *grandiflora*. (Lam. *P. veris*. Var. *c*. L) CC.
— *elatior*. Jacq. (*P. veris*. Var. *b*. L.) R. — Pons ; Villedoux ; Saint-Jean-d'Angély ; Montlieu.
Androsace *maxima*. L. — R. — Saint-Jean-d'Angély ? Montlieu.
Glaux *maritima*. L. — C. Sur le littoral et jusqu'au Vergeroux !
Lysimachia *vulgaris*. L. — C.
— *nummularia*. L. — CC.
— *L. punctata*. L. observé aux granges de Virson, y a été indubitablement planté par un des anciens propriétaires du château.
Asterolinum *linum stellatum*. Link et Hoffm. (*Lysimachia*. L.) — RR. — Fouras ! (*De Beaupreau*). — tous les échantillons que j'ai recueillis ont la tige simple.
Anagallis *arvensis*. L. — CC.
— *cœrulea*. Schreb. — C.
— *tenella*. L. — AC. — Arvert ; Freussaint ; La Tremblade ; au pied du terrier de Toulon ; Angoulins ; *etc*.
Samolus *Valerandi*. — AC. — Ile d'Oleron; Martrou; marais de Saint-Louis; Vergeroux ! Le Pin; *etc*.

ILICINÉES.

ILEX *aquifolium*. L. — C.

OLÉACÉES.

FRAXINUS *excelsior*. L. — C.

SYRINGA *vulgaris*. L. (*Lilac.* Lam.) naturalisé. Lhoumée ; Beurrelait; Muron ! Ardillières ! Saint-
Xandre ; *etc.*

PHYLLIREA *angustifolia* L. — R. — Chatelaillon ;
Saint-Vaize ; Ile d'Aix ! — observé par Guettard , en 1747 , entre la Rochelle et Rochefort , dans un petit bois qui n'existe plus.

— *media.* L. — RR. — La Rochecourbon ; (*Lesson,*
Fl. Roch. p. 325 sous le nom de P. *latifolia.*)

OLEA *Europœa.* L. — cultivé dans quelques jardins,
à l'Ile d'Aix; Brouage; Saint-Xandre; Laleu.

LIGUSTRUM *vulgare.* L. — CC.

JASMINÉES.

JASMINUM *fruticans.* L. — RR. — sur les rochers ,
le long de la côte, entre Royan et Mortagne ;
(*Voyer d'Argenson*) — Naturalisé çà et là.

APOCYNACÉES.

VINCA *minor.* L. — C.

— *major.* L. — cultivé et subspontané dans le voisinage des jardins.

ASCLÉPIADÉES.

VINCETOXICUM *officinale.* Mœnch. (*Asclepias Vincetoxicum.* L.) C.

ASCLEPIAS *nigra.* L. — R. — Royan ; Virson ;
Anais.

CYNANCHUM *Monspeliacum.* L. — AC. sur le littoral.

GENTIANÉES.

ERYTHROEA *Centaurium.* Pers. (*Gentiana.* L.) CC·

— *pulchella.* Fries. — C.

— *maritima* Pers. (*Gentiana.* L.) AC. Sur le littoral. — Fouras ! Arvet ; *etc.* — RR.—à l'intérieur ; Martrou ! (*Lesson*)

— *spicata.* Pers. (*Gentiana.* L,) R. — St-Hippolite !
Tonnay-Charente.

Cicendia *pusilla* (*Exacum.* **DC.**) RR. — Montlieu (*Meschinet*)

Microcala *filiformis.* Linck. (*Gentiana.* L.) R. — Le Pin ; Montlieu.

Chlora *perfoliata.* L — C.

— *imperfoliata.* L. — R. — La Rochelle ; La Tremblade ; Fouras ! Surgères ; Angoulins.

Gentiana *Cruciata.* L. — R. — Jonzac ; Le Pin ?

— *pneumonanthe.* L — AC. — Le Gua ; Saintes ; Pizany ; Meursac ; Saujon ; St-Ouen ; Surgères ; Le Douhet; *etc.* — La plante trouvée à Pons et désignée sous le nom de *G. asclepiadea.* L. est la même espèce.

Menyanthes *trifoliata.* L. — AC. — La Rochecourbon; Martrou ! Saintes ; Le Douhet; Courcoury ; Saujon; Nuaillé; *etc.*

Limnanthemum *Nymphoides.* Link (*Menyanthes.* L.) AR. — Saintes; Martrou ! Ile d'Elle ; Nuaillé.

CONVOLVULACÈES.

Convolvulus *sepium.* L. — C.

— *Soldanella.* L. — C. sur le littoral.

— *arvensis.* L. — CC.

— *Cantabrica.* L. — RR. — Le Pin ; (*Me George*) — C. dans la Dordogne.

— *lineatus.* L. — AR. — La Rochelle, à la pointe des Minimes et de Chef-de-Baie ; Royan ; Chassiron ; Angoulins ; Ile d'Aix.

Cuscuta *major.* DC. (*C. Europœa.* a. L.) AC. — Rochefort; la Rochelle; Archiac; Ile de Ré; *etc.*

— *minor* DC. (*C. epithymum.* L.) C.

— *epilinum.* Weihe. — R. — Breuil-Magné ; Sablonceaux.

BORRAGINÉES.

Heliotropium *Europœum.* L. — CC.

H. supinum. L. indiqué dans les environs de la Rochelle, est étranger à notre région.

Echium *vulgare.* L. — CC.

— *Italicum.* L. — AC. — La Rochelle ; Virson ; Aigrefeuille ! Forges ; Martrou ! Vergeroux ! Echillais ; Le Rocher ; Fouras ! Port-desBarques ; *etc.*

Borrago *officinalis*. L. — C.
Onosma *Echioides*. L. — R. — La Rochelle ; Saint-
  Xandre ; Surgères ; Fouras. — La plante ob-
  servée dans cette dernière localité pourrait être
  O. arenarium. Willd.
Symphytum *officinale*. L. — C.
— *tuberosum*. L. — R. — Pons ; Montlieu.
Anchusa *Italica*. Retz — C.
— *officinalis*. L. (*A. angustifolia*. DC. non L.) R.—
  Marans ; St–Eloi ; St–Jean–de–Liversay ; Ile
  d'Oleron.
    — Bonamy indique aux environs de La Ro-
  chelle, *A. tinctoria*. L. qui n'y a pas été ren-
  contré depuis.
Lycopsis *arvensis*. — L. — CC.
Lithospermum *arvense*. L. — CC.
— *officinale*. L. — C.
— *purpureo cœruleum*. L. — C.
— *Apulum*. Vahl. (*Myosotis*. L.) R. — Pointe du
  Chay ; Fouras ! Angoulins.
— *tinctorium*. L. — RR. — environs de la Rochelle ? (*Girard de Villars*.)
Pulmonaria *saccharata*. Mill (*P. officinalis*. auct.
  non. L.) AC.) — Rochefort ! La Rochelle ;
  Pons ; Jonzac ; Fouras ! Surgères ; *etc.*
— *angustifolia*. L. — C.
Myosotis *palustris*. With. — C.
— *strigulosa*. Reich. (*M. aquatilis*. Lesson. *Fl.
  Roch*. p. 349.) C
— *sylvatica*. Hoffm. (*M. nemorosa*. Lesson. *Fl.
  Roch*. p. 349.) AC. — Breuil–Magné ! Rochefort ; Tonnay-Charente ; *etc.*
— *intermedia*. Link. (*M. scorpioides*. a. L.) C.
— *hispida*. Schelc. —CC.
— *versicolor*. Pers. (*M. scorpioides*. c. L.) AC. —
  Vergeroux ! Ile d'Ahie ; Montlieu ; *etc.*
    — La plante désignée avec doute, (*Cat. prov.*
  p. 44) sous le nom de *M. lutea* Pers. doit être
  rapportée à l'espèce précédente.
Asperugo *procumbens*. L. — RR. — Le Pin (Me
  George) — Observé dans les Deux-Sèvres.
Echinospermum *Lappula*. Lehm. (*Myosotis*. L.) C.
Cynoglossum *officinale*. L. — C.

— *pictum.* L. — AC. — Rochefort ; Tonnay-Charente; Jonzac ; Montlieu ; Vergeroux ! Sab'onceaux ; Le Pin ; S -Jean-d'Angle ; etc.

OMPHALODES *verna.* Mœnch. (*Cynoglossum Omphalodes.* L.) Naturalisé à Pérsigny.

— *littoralis.* Lehm. (*Cynoglossum linifolium* DC. non L.) R. — La Rochelle ; Fouras.

SOLANÉES.

LYCIUM *barbarum.* L.—Naturalisé à Rochefort, etc.

— *ovatum.* Duham. (*L. Europœum.* Dùby non L.) RR.—Naturalisé à l'Ile d'Aix.

SOLANUM *nigrum.* L. — C.

— *ochrolucum.* Bast. — AC. — Breuil–Marmaux ; Rochefort ! Vergeroux ! etc. — C'est la plante que Lesson décrit (*Fl. Roch.* p 352) sous le nom de *S. villosum.* Link.

— *villosum.* Lam. — R. — Saintes ; Le Pin ; Rochefort.

— *dulcamara.* L. — C.

PHYSALIS *Alkekengi.* L. — C dans les vignes.

ATROPA *Belladona.* L. — R. — Saintes ; Le Pin. — Naturalisé sans doute dans ces localités, de même que *Mandragora officinalis.* Mill. à St-Maurice.

DATURA *Stramonium.* L.—C. sur le littoral.—AR. à l'interieur. — Saintes ; Taillebourg.

— *Tatula.* L. — Décrit comme variété par Lesson, (*Fl. Roch.* p. 356.) sans indication précise de localités.

HYOSCYAMUS *niger.* L. — C.

— *albus.* L. — naturalisé à la Rochelle près de la porte Dauphine (*Hubert.*)

VERBASCUM *Thapsus.* L. (*V. Schraderi.* Mey) C.

— *thapsiforme.* Schrad. (*V. Thapsus.* Mey.) AC. — Saintes ; Echillais ; Martrou ; Fouras. — C'est la plante décrite par Lesson (*Fl. Roch.* p. 358) sous le nom de *V. Thapsoides.* L.

— *phlomoides* L. — C.

— *sinuatum.* L. — RR. — Royan ; (*Lesson*)

— *pulverulentum.* Vill. — AR. — Surgères ; Martrou ; la Rochelle ; Le Pin ; etc.

— *floccosum.* Waldst. — C.

— *Lychnitis.* L. — C. —
— *nigrum.* L. — RR. — La Rochelle; (*Bonpland.*)
— *Blattaria.* L. — C.
— *virgatum.* With. (*V. Blattarioides.* Lam.) AC.
    sur le littoral. — Fouras ! La Tremblade ; Ile
    d'Oleron ; *etc.* — R. à l'intérieur. — Martrou ;

SCROPHULARIACÉES.

Linaria *Cymbalaria.* Mill. C.
— *spuria.* Mill. — C.
— *Elatine.* Mill. — C.
— *commutata.* Bernh. — RR. Montlieu ; (*Meschinet.*)
— *prœtermissa.* Del. — RR. — Sablonceaux ; (*Dela-*
    lande.)
— *tryphylla.* Mill ; — RR. — Arvert ? (*Dom Four-*
    nault.) La plante trouvée par ce botaniste est
    peut-être l'espèce suivante.
— *thymifolia.* DC. — AC. sur le littoral ; — Ar-
    vert ; La Tremblade ; Ile d'Oleron ; Ile de
    Ré ; Royan ; *etc.*
— *Pelisseriana.* DC. — AR. — Béligon ; Verge-
    roux ! Fouras ! St-Jean-d'Angle.
— *arvensis.* Desf. — R. — Esnandes; Marsilly ,
    Le Pin ; Ile de Ré.
— *spartea.* Hoffm. et Link. — RR. — Montlieu ;
    (*Meschinet.*)
    — *L. versicolor* Mœnch. indiqué dans les
    environs de St-Jean-d'Angély , paraît étranger
    à notre région.
— *supina* Desf. L. — C. — La plante que Lesson in-
    dique comme variété, (*Fl. Roch.* p. 366.) sous
    le nom de *L. Pyrenaica.* Lapeyr. ne diffère
    pas du type.
— *maritima.* DC. — C. Sur le littoral.
— *arenaria.* DC. — C. Sur le littoral.
    L. Saxatilis. DC. indiqué à la Rochelle, n'est,
    d'après M. Lloyd , qu'une forme rabougrie de
    notre plante.
— *striata* DC. (*Antirrhinum Monspessulanum* et
    repens. L.) C.
— *vulgaris.* L. (*Antirrhinum Linaria.* L.) C — La
    plante que Lesson décrit, (*Fl. Roch.* p. 367)
    sous le nom de *L. genistifolia.* DC. n'est qu'une

7

variation de cette espéce.

ANARRHINUM *bellidifolium*. Desf. (*Antirrhinum*. L.)
RR. — Le Pin ; (*M⁰ George*.)

ANTIRRHINUM *Orontium*. L. — C.

— *majus*. L. — Naturalisé sur les murailles ; —
Château de Tonnay-Charente; de Taillebourg !
etc.

SCROPHULARIA *nodosa*. L. — C.

— *aquatica*. L. — C.

— *canina*. L. — RR. — Environs de St-Jean-
d'Angély ; (*d'Orbigny*.)

— *scorodonia*. L. — RR. — St-Georges , Ile d'O-
leron ; (*Savatier*.)

GRATIOLA *officinalis*. L. — AC. — La Vallée : St-
Coutant ; Bords ; Saintes; Montendre ; etc.

LIMOSELLA *aquatica*. L. — R.—St-Jean-d'Angély ;
Charron ; Saintes, près du pont.

DIGITALIS *purpurea*. L. — AR. — St-Jean-de-
Liversay ; Le Pin ; Montlieu.

VERONICA *hederæfolia*. L. — CC.

— *agrestis*. L. (V. *pulchella*. Bast.) AR. — Montlieu ; Le Pin ; Rochefort.

— *Polita* Fries. (*V. agrestis*. auct. non. L.) CC.

— *Buxbaumii*. Ten. (V. *Filiformis*. DC.) RR. —
Le Pin ; (*M⁰ George*)

— *arvensis*. L. — CC.

— *verna*. L. — R. — Surgères ; Rochefort.

— *triphyllos*. L. — AR. — Vergeroux ! Rochefort;
Breuil-Magné.

— *præcox* — All. — AR. — Dompierre ; Le Pin ;
Fouras ! Béligon.

— *acinifolia*. L. — C.

— *serpyllifolia*. L. — CC.

— *spicata*. L. — R. — Ile d'Aix ; Fouras. — Espéce décrite par Lesson (*Fl. Roch*. p. 381.)
sous le nom de *V. maritima*.

— *Teucrium*. L. — AC. — Breuil-Magné ; Surgères ; Martrou ; Echillais ; etc.

— *prostrata*. L. — AR. — Fouras ; Le Pin.

— *officinalis*. L. — C.

— *Chamœdris*. L. — CC.

— *scutellata*. L. — AR. — Le Pin ; Marans.

— *Anagallis*. L. — C.

— *Beccabunga*. L. — C.

EUFRAGIA *viscosa*. Benth. (*Bartsia*. L.) AC. Sur le littoral et à l'intérieur. — Vergeroux ; Saujon ; Tonnay-Charente; St-Jean-d'Angle; etc.

TRIXAGO *bicolor*. Bor (*Bartsia*, DC.) RR. — Ile de Ré ; (*Desmoulins.*) On ne le rencontre plus près du phare des Baleines , où il était commun. (*Hubert.*)

ODONTITES *verna*. Reich. (*Euphrasia Odontites*. a. L.) C.

— *serotina* Reich. (*Euphrasia*. Lam.) C.

— *Jaubertiana*. Bor. — AC. — Mortagne; Le Chay; Iles de Ré et d'Oleron ; Surgères ; La Rochelle ; Saintes ; etc.

— *lutea* Reich. (*Euphrasia*. L.) AC. — Jonzac ; Breuil-Marmaux ; Le Pin ; Surgères ; Vandré ; Montlieu ; Le Douhet; Ile d'Aix ; etc.

EUPHRASIA *officinalis* L. — C

— *nemorosa*. Pers. — AR. — Benon ; Surgères.

— *minima*. Schl. — AR. — Martrou ; Arvert ; St-Pierre-de-Surgères.

RHINANTHUS *major*. Ehrh. (*R.* crista-galli. b. L.) CC.

PEDICULARIS *sylvatica*. L. — AC. — Vergeroux ! Le Pin ; Clérac : etc.

— *palustris*. L. — AR. — Bords du Lary ; Montlieu ; les Trois-Canons ; Charron ; Courçon.

MELAMPYRUM *arvense*. L. — C.

— *cristatum*. L. — AR. — Benon ; Périgny ; Le Pin ; Surgères.

— *pratense*. L. — CC.

— *sylvaticum*. L. — R. — Jonzac ; Mirambeau ; Le Douhet.
  — *M. nemorosum*. L. a été indiqué , mais sans certitude , dans le midi du département.

OROBANCHACÉES.

OROBANCHE *Rapum*. Thuil. (*O. major*. Lam.) C. (sur le *Sarothamnus scoparius*.)

— *cruenta*. Bert. (*O. Angela* ! Less. *Fl. Roch.* p. 371.) R. — La Bassetière ; St-Jean-d'Angle. (sur l'*Hippocrepis comosa*.)

— *Ulicis.* Desm. — AR. — Bourgneuf ; Ste-Soule ;
Rochefort. (sur l'*Ulex nanus.*)
— *Epithymum.* DC. — AC — Fouras ! La Repentie ; St-Porchaire ; Le Pin ; etc. (sur le *Thymus serpyllum.*)
— *Galii.* Duby.—C.—dans les sables maritimes. (sur
Galium arenarium) et à l'intérieur (sur les *Galium Mollugo, verum* et *Aparine.*)
— *Hederæ.* Vauch.—R.— Ile d'Oleron; Angoulins;
St-Clément. (sur l'*Hedera helix* et sur le *Ruscus aculeatus.*
— *minor.* Sutt. — AC. — Rompsay ; Rochefort !
Tonnay-Charente ; etc. (Sur le *Trifolium pratense.*) —Dans un jardin, je l'ai observé sur
le *Lathyrus odoratus.* L !
— *amethystea* Thuil. (O. *Eryngii.* Duby) AR.—Ile
d'Oleron ; Montlieu ; St-Agnant ; Ile d'Able ;
(sur les *Eryngium maritimum* et *campestre.*
— *concolor.* Duby. — RR. — Dunes de l'Ile de Ré
(*Hubert.*) sur une Chicoracée dont je n'ai pu
reconnaître le genre et l'espèce à raison de
l'état imparfait de la plante.
— *cærulea* Vill. — AC. — Rompsay ; Montlieu ;
Rochefort ; Tonnay-Charente ; Breuil-Magné;
etc. (Sur le *Crepis taraxacifolia* et l'*Achillea
millefolium.*)
— *ramosa.* L. — AR. — La Mathe-au-Bas, près
Etaule ; Marans ; Laleu ; Rochefort ; (Sur le
Cannabis sativa.)
CLANDESTINA *rectiflora.* Lam. (*Lathræa Clandestina.*
L.) AC. — Mouillepied ; Cande ; Lhoumée !
Carillon ; Bussac ; Vergeroux ! Tonnay-Charente ; etc.

VERBENACÉES.

VERBENA *officinalis.* L. — CC.

LABIÉES.

MENTHA *rotundifolia.* L. — CC.
— *sylvestris.* — AC. — Rochefort ; Candé; Le Pin;
Breuil-Magné ; etc.
— *piperita.* L. — Cultivé et subspontané.
— *aquatica.* L. — C.

— —var. *hirsuta*. (*M. hirsuta*. L.) C.

— *arvensis*. L. — C.

— M. *gentilis*. L. indiqué à Montlieu, est seulement cultivé.

— *Pulegium*. L. — CC. —Lesson décrit cette espèce sous son véritable nom et, en outre, sous celui de M. *cervina* L. (*Fl. Roch*) p. 399.)

LYCOPUS *Europœus*. L. — C. — Une forme robuste de cette espèce, trouvée à Aunai, a été prise, mais à tort, pour L. *exaltatus*. L.

SALVIA *Verbenaca*. L.—AC. — Ile de Ré; la Rochelle; Rochefort; Vergeroux ! Fouras; Le Douhet ; *etc.*

— *verticillata*. L — RR. — Environs de St-Jean-d'Angely ? (*Dom Fournault.*)

— *sylvestris*. L. — AR. — Rochefort? Le Pin ; Montlieu ; Marsilly.

— *pratensis*. L. — CC.

— *Sclarea*. L. — AC. — Touchelonge ; Fouras; Vergeroux ; Surgères ; *etc.*

ORIGANUM *vulgare*. L. — CC.

— *Creticum*. L. (*O heracleoticum*. Lois. non L) RR. — Vandré ; (*Delalande.*)

THYMUS *Serpyllum*. — L. — CC.

CALAMINTHA *Acinos*. Gauf. (*Thymus*. L.) C.

— *officinalis*. Mœnch. (*Melissa Calamintha*. L.) C.

CLINOPODIUM *vulgare*. L — C.

MELISSA *officinalis*. L. — R. spontané. — Montlieu; Surgères.

NEPETA *Cataria*. L. — R. — St-Porchaire ; chemin du Pin à la Fayolle.

GLECHOMA *hederaceum*. L. — CC.

MELITTIS *melissophyllum*. L. Var. *grandiflora*. (*M. grandiflora*. Sm.) AC.— Pont-Labbé; entre Piyers et Le Carlot; Benon ; Bussac ; St-Porchaire ; *etc.*

LAMIUM *amplexicaule*. L. — CC.

— *incisum* Willd. (*L. hybridum*. DC.) R. — Romsay ; Le Pin ; St-Xandre !

— *purpureum* L. — CC.

— *album* L. — AC.— Lafond; Ardillières ! Rochefort ; *etc.*

GALEOBDOLON *luteum*. Huds. (*Galeopsis Galeobdolon*. L.) RR. — Le Pin ; (*Me George.*)

GALEOPSIS *Ladanum*. L. —G.
— *dubia*. Leers. (*G. ochroleuca*. Lam.*)* RR. —
    Chagnolet près Dompierre (*Hubert.*)
— *Tetrohit*. L— C.
STACHYS *Germanica*. L. — C. — Lesson (*Fl. Roch.*
    p 365 et 395) a décrit cette plante deux fois ;
    sous le nom de *S. maritima* et sous celui de
    S tomentosa.
— *Heraclea*. All. — R. — La côte à la Repentie,
    entre Angoulins et la Rochelle; forêt de Benon;
    Le Pin; — C'est là plante désignée par Per-
    soon (*Enchir*. T. 2 p. 124) sous le nom de *S.*
    Betonicæfolia. la corolle lui a paru jaune
    parce qu'il n'avait pas vu la plante vivante.
    De Candolle, trompé par cette indication, a rap-
    proché *S. Betonicæfolia* du *S. maritima*. (Fl.
    franc. t .V. p. 400.) mais Duby l'a relégué
    avec raison parmi les espèces douteuses, (*Bot.*
    Gall p. 1011.)
— *sylvatica*. L. — C.
— *palustris*. L. — C.
— *arvensis*. L — AC. — Montlieu; Breuil-Magné;
    Vergeroux ! Nieuil ; etc
— *annua* L. — C. — C'est là plante que Lesson
    décrit (*Fl. Poch*. p. 401) sous le nom de *Thy-*
    mus grandiflorus.)
— *recta* L. — C.
BETONICA *officinalis*. L. — CC.
MARRUBIUM *vulgaré*. L. — CC.
BALLOTA *fœtida*. L. — CC.
LEONURUS *Cardiaca*. L. — AR. — Canal de Niort
    près la Rochelle ; St-Jean-d'Angély.
SIDERITIS *hyssopifolia*. L. — R.—Royan; Chaniers.
— *Romana*. L. — RR. — Entre Nancras et Sablon-
    ceaux (*Delalande.*)
SCUTELLARIA *galericulata* L — C.
— *minor*. L. — AC. — Rochefort; Montlieu; Le
    Pin ; Pons ; Charras ; etc.
BRUNELLA *vulgaris*. L. — CC.
— —Var. *pinnatifida* (*B. pinnatifidá*. Pers.) C.
— *alba*. Pa . (*B. laciniata*. ä. L.) C.
    — *B. grandiflora* Jacq. indiqué dans les en-
    virons de St-Jean-d'Angély, a besoin d'être
    recherché.

— *hyssopifolia*. — Lam. R. — Montlieu; Le Pin;
    Bois de Pauléon, près Surgères.

AJUGA *reptans*. L. — CC.

— *Genevensis*. L. — RR. — Le Pin; (M⁵ George
    sous le nom d'A. *pyramidalis*. L.)

— *Chamæpitys*. Schreb. — C.

TEUCRIUM *Scorodonia*. L. — CC.
    T. *ps udo chamæpitys* L. indiqué à l'Ile d'Ole-
    ron et à Montendre, me paraît étranger à
    notre région.

— *Botrys*. L. — AC. — La Rochelle; Surgères;
    Chaniers; Saintes; etc.

— *Scordium*. L. — AC. — Tonnay-Charente; St-
    Jean-d'Angély; Fouras! Saintes; Nancras;
    St Trojan; etc.

— *Chamædrys*. L. — AC. — La Rochelle; Roche-
    fort; Saintes! Martrou! Surgères; Nancras;
    Le Douhet; etc.

— *montanum*. L. — C.

— —Var. *supinum*. L.) AR.—Montlieu; Chaniers.

PLUMBAGINACÉES.

STATICE *limonium*. L. — C.

— *densiflora*. Gir. (S. *Auriculæfolia*. Vahl.) — RR.
    — La Rochelle; (Decandolle.)

— *ovalifolia*. Poir. (S. *hybrida*. Mont.) AR. — Ile
    d'Aix; Fouras. — C'est, je pense, l'espèce
    décrite par Lesson, (*Fl. Roch.* p. 4⁴8.) sous le
    nom de S. *minuta*, L.

— *Lychnidifolia*. Gir. — AC. — Embouchure de la
    Seudre; Fouras; Ile d'Oleron; etc. — Ins-
    crit (*Cat. prov.* p. 52), sous le nom de S. *Belli-
    difolia*. Gouan.

— *Dodartii*. Gir — AC. — La Rochelle; Port-
    des-Barques; Ile de Ré; Ile d'Oleron;
    Fouras; etc.

— *Occidentalis*. Lloyd. (S. *Bubanii* Gir.) AC. —La
    Rochelle, Pointe des Minimes; Côte d'An-
    goulins; Fouras; Ile d'Aix; etc.
    — S. *Echioides* L. indiqué dans les marais
    salants de La Rochelle, n'appartient pas à
    notre flore.

ARMERIA *maritima*. Willd. — C. sur le littoral.

— *pubescens*. Link. — C. mélé avec le précédent.
— *plantaginea*. Wild.—AC. sur le littoral.—Ile de
Ré ; Ile d'Oleron ; Embouchure de la Seudre : *etc.* — RR. à l intérieur. — Le Pin. (*M*e
George.)

PLANTAGINACÉES.

PLANTAGO *major*. L. — CC. — On rencontre com-
munément la variation naine , (*P. minima.*
DC.)
— *intermedia*. Gil. — C. — Souvent confondu avec
le précédent.
— *media*. L. — CC — Décrit deux fois par Lesson
(*Fl. Roch.* p. 420.) Sous son véritable nom et
sous celui de *P. intermedia*.
— *lanceolata*. L. — CC
— —Var. *lanuginosa*. AC. sur le littoral. — Angoulins; Fouras ; Ile d'Aix ; *etc.*
— *serpentina*. Lam. (*P. subulata.* Bast.) RR. — Le
Pin ; (*M*e *George.*)
— *maritima*. L. — CC sur le littoral. — La plante
trouvée au Vergeroux par Lesson et décrite
sous le nom de *P. graminea* (*Fl. Roch.* p. 421)
ne me parait être qu'une variation à feuilles
planes de cette espèce. — *P. Pilosa.* Pour.
indiqué à Angoulins et *P. Lagpus.* L. indiqués
à Chatelaillon, sont étrangers à notre région.
— *coronopus*. L — CC. — La variété *arenaria* de
Lesson (*Fl. Roch.* p. 422) est une simple forme observée dans les lieux maritimes.
— *arenaria*. Walds. —C. sur le littoral. —La plante indiquée à La Rochelle, sous le nom de *P.
Psyllium* L. doit être rapportée à cette espèce.
— *Cynops*. L. — R. — Fouras ? Le Pin ?
LITTORELLA *lacustris*. L. — R. — Tasdon Angoulins.

III. PLANTES A PERIANTHE SIMPLE.

(n'offrant qu'un calice et dépourvues de corolle.)

AMARANTHACÉES,

AMARANTHUS *albus*. L. — RR. — Fortifications
de la Rochelle. (*Hubert.*)

— *sylvestris*. Desf. — CC.

— *Blitum*. L. — C.

— *prostratus*. Balb. — AC. — Vergeroux ! Roche-
foit ! La Rochelle ; Fouras ; *etc.*

— *retroflexus*. L. — C.

POLYCHNEMUM *arvense*. — AR.—Aytré ; La Jarne ;
Le Pin ; Ste-Gemme.

SALSOLACÉES.

BETA *vulgaris*. L.

— —*Var*. a. --*rapacea*. — Cultivée.

— —*Var*. b. --*Cicla* (*B. Cicla*. L.) — C.

— *maritima*. L. — C. Sur le littoral.

CHENOPODIUM *polyspermum*. L. — AC. — Chatelaillon; Le Pin; Vergeroux ! Breuil-Magné; *etc.*

— *acutifolium*. Willd. — C.

— *vulvaria*. L. — C.

— *opulifolium*. Schrad. — R. — La Rochelle ;
Saintes.

— *album*. L. (*C. leiospermum*. DC.) CC.

— — *Var*. b.--*viride* (*C. viride*. L.) C.

— *ficifolium*. Sm. — R. — Périgny ; Le Pin ; Rochefort.

— *murale*. L. — CC.

— *intermedium*. Mert. et K. (*C. urbicum*. auct.
non L.) AC. — La Rochelle ; Rochefort ;
St-Jean-d'Angély ; *etc.*

— *hybridum*. L. — C.

— *Botrys*. L. — R. — Chatelaillon ; Ile d'Oleron ; Le Pin ?

— *ambrosioides*. L. — AC. Naturalisé. — La Rochelle; Marennes; Ile d'Oleron; Brouage; *etc.*

— *glaucum*. L. — C.

— *Bonus Henricus*. L. — AC. — La Rochelle; Le
Pin ; Fouras : Ile d'Oleron ; *etc.*

BLITUM *rubrum*. Reich. (*Chenopodium*. L.) C.

— —*Var*. b.--*blitoides*. (*C. blitoides*. Lej.) RR.—
Ars, Ile de Ré ; (*Hubert.*)

— *virgatum*. L. — RR. — Rochefort ? (*Lesson.*)

ATRIPLEX *patula*. L. (*A. angustifolia*. Sm. Duby.) CC.

— *littoralis*. L. — C. sur le littoral.

— *latifolia*. Walh. (*A. patula*. Sm. Duby.) CC.

— — *Var*. b.--*triangularis*. (*A. oppositifolia*. DC.)

C. Sur le littoral.
— — *Var.c.*— *microsperma* (*A. microsperma* Willd.) AC.—Angoulins ; Tasdon ; Le Pin ; *etc.*—Indiqué sous le nom d'*A. hastata*. L. (*Cat. prov.* p. 54.)
— *rosea*. L. — C. Sur le littoral.
— *Portulacoides*. L. — CC. Sur le littoral et jusqu'au delà du Vergeroux !
SALICORNIA *herbacea*. L. — C. Sur le littoral et même au Vergeroux !
— — *Var.* b.—*procumbens*. Lloyd.—C.Avec le type.
— *fruticosa*. L. — C. —Marais salants du littoral.
— —*Var.*b.—*radicans*. (*S. radicans*. Sm.) C.—Sui M. Lloyd cette variété devrait être considérée comme le type de l'espèce.
SUÆDA *fruticosa*. Forsk. (*Salsola*. L.) C. Marais salants du littoral.
— *maritima*. Moq. (*Chenopodium*. L.) C.
KOCHIA *scoparia* Schrad. (*Chenopodium*. L.) Cultivé à l'Ile d'Oleron.
SALSOLA *Kali*. L. — C. dans les sables maritimes.
— *Soda*. L. — C. dans les marais salants.

POLYGONACÉES.

RUMEX *maritimus*. L. — RR. — Canal de Niort , près de La Rochelle ; (*d'Orbigny.*)
— *palustris*. L.—R.—Rochefort; Bois de Chartres.
— *conglomeratus*. Murr. (*R. nemolapathum*. Duby.) CC.
— *nemorosus*. Schrad. (*R. sanguineus*. b. *viridis* Sm.) C.
— — *Var.* b.— *sanguineus* (*R. sanguineus*. L.) AC. près des jardins ; Vergeroux ! Saintes ; St-Jean-d'Angély ; *etc.*
— *pulcher*. L. — CC.
— *obtusifolius*. L. — C.
— *pratensis*. Mert. et K. (*R acutus* Willd.) R. — Le Pin ; Vergeroux !
— *crispus*. L. — CC.
— *Patientia*. L. — Naturalisé dans le voisinage des habitations. — Angoulins. (*Hubert.*)
— *hydrolapathum*. Huds. (*R. aquaticus* Sm. DC. non L.) — C.
— R. *bucephalophorus* L. a été indiqué.

mais sans certitude, dans les environs de Jonzac.

— *acetosa.* L. — C.

— *acetosella.* L. — CC.

— *scutatus.* L. — R. — Soubise ; Saintes ; (sur les murs.)

POLYGONUM *Bistorta.* L. — R. — Benon ; Jonzac ; Saintes ; St–Jean–d'Angély ; — Cette plante des terrains siliceux et granitiques, est-elle bien spontanée dans la Charente-Inférieure ?

— *amphibium.* L. — C.

— — *Var.* b.—*terrestre.* — C

— *lapathifolium.* L. — AC. — Rochefort ! Vergeroux ! St–Jean–d'Angély ; *etc.*

— *nodosum.* Pers. — C.

— *Persicaria.* L. — C.

— —*Var.*b. — *gracile.*(*P. minori-persicaria.* Br.) C.

— *minus.* Huds. (*P. pusillum.* Lam.) AC. —Bords de la Charente, à Saintes ; St–Jean–d'Angély ; canal de Charras ! *etc.*

— *mite.* Schr. — AR. — La Forêt près Rochefort ; Breuil–Magné !

— *Hydropiper.* L.— AC. — Martrou ! Vergeroux ! Taillebourg ; Montlieu ; *etc.*

— *aviculare.* L. — CC.

— *maritimum.* L. — C. sur le littoral.

— *Bellardi.* All. — AR. — Rochefort ! Le Pin ; Beaugeay ; St–Nazaire ; Montlieu.

— *Convolvulus.* L. — CC.

— *dumetorum.* L.—AC. Fouras ! Breuil–Magné ! *etc.*

THYMÉLÉES.

PASSERINA *annua.* Vicks. (*Stellera Passerina.* L.) C.

— *thymelea.* DC. (*Daphne.* L.) Fontcouverte ? (*Bobe Moreau.*)

DAPHNE *Gnidium.* L.) — AC. — Chatelaillon ; La Rochelle ; Fouras ; Ile d'Oleron ; Arvert ; Royan ; *etc.*

— *Cneorum.* L. — RR. — Landes près Montlieu ; (*Meschinet.*)

— *Laureola.* L. — R. — Jonzac ; Saintes ;

SANTALACÉES.

THESIUM *divaricatum.* Jan. — R. — Martrou ?

Fouras; Jonzac; — décrit par Lesson (*Fl Roch.* p. 435) sous le nom de *T. linophyllum* L.

— *humifasum*. DC. — C.

OSYRIS *alba*. L. —AR. — Entre Soubise et Martrou! La Tremblade ; Royan ; St-Palais ; Ile d'Oleron.

ARISTOLOCHIÉES.

ARISTOLOCHIA *Clematitis*. L. — C.

— *rotunda*. L. — R. — Jonzac ; Pons ; Chatelaillon.

EUPHORBIACÉES.

BUXUS *sempervirens*. L. — R. (spontané) — Surgères ; le Douhet.

EUPHORBIA *Peplis*. L. — C. dans les sables maritimes.

— *helioscopia*. L. — CC.

— *platyphyllos*. L. — AR. — Rochefort; Saintes.

— *stricta*. L. — AC. — bords de la Boutonne; Champdolent ; *etc.*

— *dulcis*. L. — AR. — Montlieu ; Clérac.

— *verrucosa*. L. (*E. flavicoma*. DC.) AR. Surgères ; Benon ; le Pin ; Montlieu.

— *palustris*. L. — AC. — Martrou ; Saintes ; Béligon ; Marais de St-Louis ; Marans; *etc.*

— *pilosa*. L.—AR. — Rochefort ; le Pin ; Saintes ; Surgères.

— *Gerardiana*. Jacq. — R. — St-Agnant ; le Chay.

— *Esula*. L. — C.

— *paralias*. L. — C. sur le littoral.

— *Portlandica*. L. — C. sur le littoral.

— *segetalis*. L. — R. — Martrou ? la Bassetière ? la Rochelle ; Surgères ; Montendre.

— *Cyparissias*. L. — AR. — Saintes; Jonzac; St-Jean d'Angély.

— *exigua*. L. — C. — la variété *retusa* (*E. retusa*. Cav.) a été signalée dans le département, mais sans indication précise de localité.

— *falcata*. L. — R. — Jonzac ; Ile d'Oleron.

— *Peplus*. L. — CC.

— *Lathyris*. L. — AR. — Rochefort ; Martrou.

— *serrata.* L. — R. — Fouras; les Trois-Canons.
— *amygdaloides.* L. (*E. sylvatica.* Jacq. non L.) C.
MERCURIALIS *annua.* L. — CC.
— *perennis.* L. — AR.—Pons; Montlieu; Bussac;
le Douhet; Saintes.

URTICÉES.

URTICA *urens.* L. — C.
— *dioica.* L. — CC.
— *membranacea.* Poir. — RR. — le Pin, dans une
luzerne; (*Mc George.*) — Cette plante ne se
rencontre plus à l'endroit indiqué; étrangère à notre région, elle n'y aura végété
qu'accidentellement.
— *pilulifera.* L. — RR. — St-Jean d'Angély;
(*d'Orbigny.*)
PARIETARIA *diffusa.* Mert. et K. (*P. Judaica.* Lam.
non L. *P. Officinalis.* Sm. non L.) CC.
HUMULUS *Lupulus.* L. — C.
FICUS *Carica.* L. — R. — Eglise St-Pierre et
Rochers à Saintes! Nieul.
ULMUS *campestris.* L. — CC
— *suberosa.* Willd. — C.
— *U. effusa.* Willd. est quelquefois cultivé.

MYRICÉES.

MYRICA *Gale.* L. — R. — la Rochelle; la Rochecourbon.

BÉTULINÉES.

ALNUS *glutinosa.* Gœrtu. (*Betula Alnus.* L.) C.
BETULA *alba.* L. — AR. — pas de localité précise
indiquée.
— *pubescens.* Ehrh. — RR. — Montlieu; (*Meschinet.*)

SALICINÉES.

SALIX *alba.* L. — CC.
— —Var. b. — *vitellina.* (*S. vitellina.* L.) cultivé.
— *fragilis.* L. — R. — signalé sans indication de
localité. — A rechercher.

— *amygdalina*. L. — C.
— *purpurea*. L. (*S. monandra*. Hoffm.) AC. —
    Marans ; Périgny ; *etc.*
— *viminalis*. L. — AC. — Le Pin ; Surgères; La
    Sausaie ; Rompsai ; *etc.*
— *Seringeana*. Gaud. — RR. — Fouras; *Hubert*.
— *cinerea*. L. — AC. — Surgères ; Nancras ;
    Sabloneeaux ; Ile de Ré ; Ile d'Oleron ;
    Fouras ! Brouage ; *etc.*
— —Var. b.—*rufinervis*.(*L. rufinervis*. DC.)AC.—
    Saintes ; Fouras; Ste-Gemme; Surgères ; *etc.*
— *aurita*. L. — CC.
— *Capræa*. L. — R. — Rompsay ; Jonzac.
— *repens*. L. — C. sur le littoral.
POPULUS *alba*. L. — R. (spontané) — St-Jean-
    d'Angély; La Rochelle ; Les Portes; Ile de Ré.
— *tremula*. L. — CC.
— *fastigiata*. Poir — Cultivé.
— *nigra*. L. — C.

QUERCINÉES.

FAGUS *sylvatica*.L.—RR.—Jonzac ; (*de Beaupreau;*)
CASTANEA *vulgaris*. Lam. (*Fagus Castanea*. L.)
    AC. — Bois de la Saintonge.
QUERCUS *pedunculata*. Ehrh. (*Q. Robur*. a. L.) CC.
— *sessiliflora*. Sm. — CC
— *pubescens*. Willd. — AR. — Bois d'Essouvert;
    forêt de Benon: Bois de Surgères.
— *Toza*. Bosc. — AC. — Bois de St-Hilaire et
    d'Essouvert; Saintes; Le Douhet; Surgères ;
    Royan ; *etc.*
— *Cerris*. L. — R. — Surgères; Saintes ; Le Pin.
— *Ilex*. L. — AC. — La Rochecourbon ; Fouras !
    Royan ; Le Douhet ; Saintes ; *etc.*
— *suber*. L. — RR. — Montlieu; (*Meschinet.*)
CORYLUS *Avellana*. L. — CC.
CARPINUS *Betulus*. L. — C.

JUGLANDÉES.

JUGLANS *regia*. L. — cultivé et subspontané.

PLATANÉES.

Platanus *orientalis*. L. — Cultivé et subspontané.

CONIFÈRES.

Ephedra *distachya*. L. — C. sur le littoral.
Taxus *baccata*. L.—Cultivé et subspontané ; — Le Douhet ; Vergeroux !
Juniperus *communis*. L. — C.
Pinus *maritima*. Lam. — AC. — Arvert ; La Tremblade ; Montlieu ; Ile d'Oleron ; *etc*.

PLANTES MONOCOTYLÉDONÉES

I. PHANÉROGAMES.

ALISMACÉES.

Alisma *plantago*. L. — C.
— *natans*. L. — AR. — Marans ; La Rochelle ; Le Pin ; Lafond.
— *ranunculoides*. L. — C.
— *repens*. Cav. — AC. — La Rochelle ; canal de Charras ; Vergeroux ; *etc*.
— *Damasonium*. L. — AR. — Marans ; Le Pin ; Marais de St-Louis.
Sagittaria *sagittæfolia*. L. — CC. — La forme à feuilles submergées, longues d'un mètre, (*vallisnerifolia*) a été observé dans la Charente au pont de Saintes ; (*Desmoulins*).
Butomus *umbellatus*. L. — C.
Triglochin *palustre*. L. — R. — Entre Martrou et Soubise ; St-Jean d'Angély ; Vergeroux ?
— *maritimum*. L.— C. sur le littoral et jusqu'au Vergeroux !

POTAMÉES.

Potamogeton *natans*. L. — C.
— *fluitans*. Roth. — AC. — Jonzac ; canal de Charras ; La Boutonne ; *etc*.

— *lucens*. L. — AC. — Saintes; Marais de *St*-Louis; canal de Niort, prés la Rochelle; *etc.*

— *perfoliatus*. L. — CC.

— *crispus*. L. — C.

— *densus*. L. — AC. — Muron; Echillais; La Rochelle; Vergeroux ! Champdolent; *etc.*

— —*Var.* b.— *oppositifolius*. (*P. serratum*. L.) C.

— *heterophyllus*. Schreb. (*P. gramineus*. L.) AR. — Marans; Nuaillé; Rochefort.

— *acutifolius*. Link. — RR. — Canal de la Bridoire; (*Lépine.*)

— *pusillus*. L. — AC. — Marans; Charras ! Ile d'Oleron; Pons; *etc.*

— *pectinatus*. L. — AC. — Royan; Taugon; Marais de St-Louis; La Boutonne; *etc.*

RUPPIA *rostellata*. Koch. — C. sur le littoral.

— *spiralis*. Dumort. (*R. maritima*. auct. et L. pro parte.) R. — La Rochelle; Brouage.

ZANNICHELLIA *repens*. Bonn. (*Z. palustris*. auct. non. L.) AC. — Vergeroux ! Nuaillé; Rochefort; Martrou; *etc.*

— *palustris*. L. — AC. sur le littoral; — La Rochelle; Charras ! Les Trois Canons; Royan; Port-des-Barques; *etc.*

NAIAS *major*. Roth. (*N. marina*. a. L.) AR. — Pons; Jonzac; Le Pin; Saintes; Marais de Piyers.

— *minor*. Roth. (*Caulinia fragilis*. Willd.) R. — Port-des Barques; Jonzac; Saintes.

ZOSTERA *marina*. L. — C. sur les rochers submergés du littoral.

JONCÉES.

JUNCUS *maritimus*. Lam. (*J. acutus*. b. L.) C. sur le littoral.

— *acutus*. L. — AR. — Chatelaillon; Angoulins; Fouras.

— *conglomeratus*. L. — C.

— *effusus*. L. — CC.

— *glaucus*. Ehrh. — AC.—Ste-Gemme; Nancras; Tour-de-Brou, prés St-Sornin; Marennes; *etc.*

— *capitatus*. Weig. (*J. ericetorum*. Poll.) R. — St-Laurent-de-la-Prée; Jonzac; Ile d'Aix !

— *pygmæus*. Thuil. — R. — Forges ; Marais de
Merlouge ; La Tremblade ; Ile d'Oleron.
— *uliginosus* Mey. (*J. supinus*. Mœnch. *J. fluitans*.
Lam.) AC. — Arvert ; La Tremblade ; Les
Trois Canons ! Forges ; Le Pin ; Ile d'Oleron ;
Ile de Ré; *etc.*
— *bufonius*. L. — CC.
— *tenage'a*. L. — AC. — St-Savinien ; Nuaillé ;
Vergeroux ! Marans ; *etc.*
— *compressus*. Jacq. (*J. bulbosus* . L.) C.
— *Gerardi*. Lois. — AC. sur le littoral.—La Rochelle ; Brouage ; Fouras ; galerie du clocher
de Marennes ; *etc.*
— *acutiflorus*. Ehrh. — C.
— *lampocarpus*. Ehrh. (*J. articulatus* L ?) CC.
— *obtusiflorus*. Ehrh. — AR. — Périgny ; St-Jean
d'Angély ; Angoulins ; Marais de St-Louis.
Luzula *Forsteri*. DC. — C.
— *pilosa*. Willd. (*L. vernalis*. DC. *Juncus pilosus*.
a. L.) C.
— *campestris*. DC. (*Juncus campestris*. L.) CC.
— —*Var*. b. — *congesta*. (*L. congesta*. DC.) AR.—
Bois de Chartres; Bois de Plantemaure ! *etc.*
— *multiflora*. Lej. — AR. — Bois de Chartres ;
Vergeroux ! Béligon ; Fouras.

COLCHICACÉES.

Colchicum *autumnale*. L. — CC.

ASPARAGÉES.

Asparagus *officinalis*. L. — R. — Surgères ; Vergeroux ! Soubise ; Moeze.
— —*Var*. b. — *maritimus*. —AC. sur le littoral.—
Fouras ! Ile d'Aix ; Port-des-Barques ; *etc.*
—*A. acutifolius*. L. indiqué à Fouras, y a été
vainement cherché. — *A. tenuifolius*. L. —
indiqué à Montlieu et à St-Jean d'Angély,
parait également étranger à notre région.
Convallaria *Polygonatum*. L. — R. Pons ; Jonzac.
— *multiflora*. L. — AC. — Bois de Chartres ;
Tonnay-Charente ; Saintes ; Mortagne ; *etc.*

9

— *maialis*. L.—AR.— Jonzac ; St-Savinien ; Pons; Le Douhet.

RUSCUS *aculeatus*. L. — C.

LILIACÉES.

TULIPA *sylvestris*. L. — R. — St-Maurice; Sur-gères ! Aigrefeuille.

FRITILLARIA *Meleagris*. L.—AC.—St-Coutant ; La Rochelle ; Pons ; Saintes ; Marancennes ; *etc.* —*F. pyrenaica*. L. indiqué à Pons, n'appartient pas à notre flore.

ASPHODELUS *albus*. Willd. (*A. ramosus*. DC. non. L.) CC.

ANTHERICUM *Liliago*. L. — R. — Jonzac ; Le Pin ? Montlieu.

— *bicolor*. Desf. (*A. planifolium*. L.) R.—Montlieu; Arvert.

NARTHECIUM *ossifragum*. Huds. (*Anthericum*. L. *Abama*. DC.) AR. — Cercoux; Montlieu ; Montendre.

MUSCARI *racemosum*. DC. (*Hyacinthus*. L.) C.

— *botryoides*. DC. (*Hyacinthus*. L.) R.—Ile de Ré; Le Pin; Montlieu ; Surgères.

— *comosum*. Mill. (*Hyacinthus*. L) CC.

AGRAPHIS *nutans*. Link. (*Hyacinthus non scriptus*. L.) CC.

SCILLA *autumnalis*. L. — AC. — Ile d'Oleron ; Angoulins ; La Tremblade; Martrou ! Charras! Fouras ! Royan ; Le Rocher ; Port-des-Barques ; Echillais; Le Douhet ; *etc.*

— *maritima*. L. — R. — Ile de Ré? Ile d'Oleron?

GAGEA *arvensis*. Schult. (*G. villosa*. Duby.) R. — Marans ; Villedoux ; St-Xandre !

ORNITHOGALUM *umbellatum*. L. — C.

— *sulfureum*. Rœm. et Sch. (*O. pyrenaicum*. a. *flavescens*. Duby.) C.

—*O. Narbonense* L.—mentionné avec doute (*Cat. prov.* p. 64.) n'a pas été trouvé dans la Charente-Inférieure.

ALLIUM *Ampeloprasum* L. — AC. — Vergeroux ! Breuil-Magné ! Fouras ! Esnandes; Marsilly; Montlieu ; *etc.*

— *polyanthum*. Rœm. et Sch. (*A multiflorum*. DC.)

RR. — **Mirambeau** ; (*d'Orbigny*).

— *sphærocephalum*. L. — C. — sur le littoral. — AR. à l'intérieur ; — Romegoux ; Rochefort ; St-Clément ; Montlieu.

— *vineale*. L. —CC.

— — Var. b. —*compactum*. (*A. compactum*. Thuil.) C. — décrit par Lesson (*Fl. Roch.* p. 502) sous le nom d'*A. arenarium*. L.

— *ericetorum*. Thor. (*A. ambiguum*. DC.) R. — Fouras ; Montlieu.

— *oleraceum*. L. — AC. — Montlieu ; Rochefort ; Vergeroux ! Balanzac ; *etc.*

— *A. paniculatum*. L. indiqué au Bois de Chartres, est l'espèce précédente.

— *carinatum*. L. — RR. — Rochefort ; (*Guillon*.)

— *pallens*. L. — R. — Périgny ; Le Pin.

— *roseum*. L. — AC. — Ile de Ré ; Ile d'Aix ! La Rochelle ; Martrou ! Fouras ! Laleu ; *etc.*

— *ursinum* L. — C.

— *A. flavum*. L. indiqué à Saintes, et *A. moly*. L., à St-Jean d'Angély, ne paraissent pas spontanés dans la Charente-Inférieure.

AMARYLLIDÉES.

NARCISSUS *pseudo-norcissus*. L. —AC. — Rochefort ! Périgny ; Le Pin ; Vergeroux ! *etc.*

— *biflorus*. Curt. (*N. orientalis*. L.) R.—La Vallée ; St-Jean d'Angély ; Périgny.

— *Bulbocodium*. L. — RR. — Jonzac ; (*d'Orbigny*).

— *Tazetta*. L. — RR. — Les Granges de Virson, près d'une pièce d'eau (*Bonpland*), planté sans doute par un des anciens propriétaires du château.

PANCRATIUM *maritimum*. L. — AC. — Ile de Ré ; Ile d'Oleron ; Royan ; *etc.*

— *Illyricum*. L. — RR. — Rivage sud de l'Ile de Ré (*Morison*. 1650.) indiqué depuis. (1829.) à St-Palais près Royan, mais les échantillons, recueillis dans cette localité et vérifiés par M. Gay, appartenaient à l'espèce précédente.

LEUCOIUM *vernum*. L. — R. — Pons ; Périgny. — Naturalisé sans doute dans cette dernière localité.

GALANTHUS *nivalis*. L. — RR. — éntre Jonzac et
Mirambeau ; (*de Beaupreau*).

IRIDÉES.

IRIS *Germanica*. L. — Cultivé et comme spontané
sur les murs — Tonnay-Charente; Saintes.
— *pseudo-acorus*. L. — C.
— *Sibirica*. L. — (*I. pratensis*. Lam.) AR. — Le
Brau ; Saintes ; Bois du Planty ; Le Gua.
— *spuria*. L. (*I. graminea*. Less. *Fl. Roch.* p. 487.)
C. sur le littoral.—AR. à l'intérieur.—Breuil-
Magné; Vergeroux! Surgères ; Vandré. —
Cette espèce, observée pour la première fois
sur nos côtes, vers 1782, par Bonamy, fut
désignée par lui sous le nom d'*I. graminea*.
L. — L'erreur s'est perpétuée jusqu'en 1840,
époque à laquelle je l'ai signalée dans une
note communiquée à la Société des Sciences
naturelles de la Charente-Inférieure.
— *fœtidissima*. L. — C.
GLADIOLUS *segetum*. Gawl. L. — R. — Pointe Chef
de Baye; Lagord ; St-Maurice ; entre Saintes
et Royan.
ROMULEA *Columnœ*. Seb. et Maur. (*Ixia Bulbocodium*.
Red.) RR. — St-Trojan , Ile d'Oléron ;
(*d'Orbigny*).

DIOSCORÉES.

TAMUS *communis*. L. — C.

HYDROCHARIDÉES.

HYDROCHARIS *morsus ranœ*. L. — C.

ORCHIDÉES.

ORCHIS *viridis*. All. (*Satyrium*. L.) AR. — Les
Trois Canons ! Saujon ; Montlieu ; Surgères.
—*O. nigra*. L. indiqué à Jonzac, a besoin
d'être recherché de nouveau.
— *odoratissima*. L. — R. — Chevret, près Saujon ;
Montlieu.

— *conopsea*. L. — AC. — Périgny ; Saintes ;
Lhoumée ; Saujon ; *etc.*
— *maculata*. L. — C.
— *latifolia*. L. — C.
— *incarnata*. L. (*O. latifolia*. Reich.) C.
— *sambucina*. L. — R. — Mirambeau ? Le Pin ?
— *laxiflora*. L. — C.
— *mascula*. L. — C.
—*O. picta*. Lois. indiqué à Montlieu, n'appartient
pas à la flore du département.
— *Morio*. L. — C.
— *coriophora*. L. — AC. — La Rochelle ; Saint-
Christophe ; Le Pin ; La Tremblade ; *etc.*
— *fragrans*. Pollin. — RR. — La Tremblade ;
(*A. Guillon.*)
— *globosa*. L. — R. — Arvert ; Jonzac ; Surgères ;
St-Georges ; Ile d'Oleron.
— *ustulata*. L. — C.
— *fusca*. Jacq. (*O. militaris*. a. et d. L.) AC. —
La Tremblade ; Le Pin ; Saujon ; Surgères ;
St-Christophe ; Le Douhet ; *etc.*
— *variegata*. Lam. — R. — Esnandes ? Le Pin ?
— *galeata*. Lam. (*O. militaris*. g. L.) AR. — Jonzac ; Saujon ; Surgères ; Rochefort.
— *simia*. Lam. (*O. militaris*. e. L.) R. — Benon ;
Le Pin ; Le Douhet.
— *pyramidalis*. L. — AC. — Montendre ; Périgny ;
St-Christophe ; Surgères ; *etc.*
— *bifolia*. L. — AC. — Fouras ! Le Pin ; Saujon ;
Clérac ; Montlieu ; *etc.*
— *chlorantha*. Cust. — AR. — Fouras ! Montlieu.
— *hircina*. Crantz. (*Satyrium*. L.) C.
OPHRYS *anthropophora*. L. — AR. — Périgny ; La
Rochelle ; Lussan ; Le Douhet ; St-Xandre !
Les Trois Canons !
— *myodes*. Jacq. — R. — La Rochelle ; Saintes ;
Le Pin.
— *aranifera*. Sm. — C.
— *arachnites*. Hoffm. — AR. — Le Pin ; La Rochelle ; Saintes ; Le Douhet.
— *apifera*. Sm. — AC. — Rochefort ! Vergeroux !
Surgères ; Montlieu ; Périgny ; *etc.*
SERAPIAS *cordigera*. L. — R. — Montguyon ;
Montlieu.

— *lingua.* L. — AR. — Jonzac; La Tremblade; Le Pin ; Montlieu; Chatelaillon.

LIMODORUM *abortirum* Sw. (*Orchis.* L.) AC. — Benon ; La Tremblade ; Surgères ; La Rochecourbon ; Chatelaillon ; Beauvais sur Matha ; Le Douhet : *etc.*

EPIPACTIS *pallens.* Sw. — (*E. lancifolia.* Roth.) R. Le Pin ; Jonzac.

— *ensifolia.* Sw. — R. — Mirambeau ; La Tremblade.

— *rubra.* All. (*Serapias.* L.) AR. — Arvert; La Tremblade ; Saintes ; Jonzac ; Le Pin.

— *latifolia.* All. (*Serapias* L.) R. — Breuil-Marmiaux ; Surgères ; Jonzac ; Beauvais sur Matha.

— *palustris.* Crantz. (*Serapias longifolia.* L.) AC.— Vergeroux ; St-Romain ; Fouras ; La Tremblade ; Aigrefeuille ; Ile d'Oleron ; *etc.*

NEOTTIA *nidus avis.* Rich. (*Ophrys.* L.) R. — Bois de Chartres ; Mirambeau.

— *ovata.* Rich. (*Ophrys.* L.) AC. — Lhoumée ; St-Xandre! Saujon ; Périgny ; Candé ; *etc.*

SPIRANTHES *œstivalis.* Rich. (*Ophrys spiralis.* g. L.) AR. — Montlieu ; Martrou ; Jonzac ; La Tremblade: Le Douhet.

— *autumnalis.* Rich. (*Ophrys spiralis.* a. L.) AC. — Vergeroux! Saintes ; Sablonceaux ; Montlieu ; Martrou : *etc.*

CYPÉRACÉES.

CYPERUS *flarescens.* L. — AR. — Pons ; Saintes ; La Rochelle ; Aigrefeuille.

— *fuscus.* L. — AC. — La Rochelle ; Rochefort ; Surgères ; St-Louis, Perigny ; *etc.*

— *longus* L. — C.

CLADIUM *marisus.* R. Br. (*Schœnus.* L.) C.

SCHOENUS *nigricans* L. — C.

— *albus.* L. R. — St-Aignant ; Jonzac.

— *fuscus.* L. — RR. — Surgères ; (Lépine).

SCIRPUS *palustris.* L. — CC.

— *multicaulis* Sm. — R. — Le Pin ; La Rochelle.

— *Bœothrion.* L. — AR. — La Rochelle ; Marais de St-Louis ; Muron.

— *acicularis*. L. — AC. — Bords de la Seudre ; de la Charente ; de la Boutonne ; *etc.*

— *cœspitosus*. L. — R. — La Rochelle ; Forges ; Saintes.

— *fluitans*. L. — R. — La Rochelle ; Montlieu.

— *setaceus*. L. — C.

— *Savii*. Sébast. — AC. — St-Jean d'Angle ; Ile d'Oleron ; La Maçonne, près St-Sornin ; *etc.*

— *lacustris*. L. — CC.

— *triqueter*. L. — AR. — Canal de la Bridoire ! Marais de St-Louis.

— *Rothii*. Hoppe. (*S. pungens* Vahl. *S. tenuifolius*. DC. *S. mucronatus*. Ehrh. non. L.) AC. sur le littoral, et sur les bords de la Charente.

— *holoschœnus*. L. — AC. — Fouras ! Vergeroux ! Montlieu ; Surgères ; *etc.*

— *maritimus*. L. — CC.

— *sylvaticus*. L. — C.

— *compressus*. Pers. (*Schœnus* L. *Carex uliginosa*. L.) RR. — Rochefort ; (*Lipphardt*.)

ERIOPHORUM *latifolium*. Hopp. (*E. polystachyum*. Duby.) AR. — Marans ; La Rochecourbon ; Le Pin.

— *angustifolium*. Roth. (*E. polystachyum*. a. L.) AR. — Montendre ; Montlieu.

— Un échantillon d'*E. vaginatum*. L. existe dans l'herbier Lesson, mais sans indication de localité.

CAREX *pulicaris*. L. — AR. — Rochefort ; La Rochelle ; Le Pin ; Forges ; Marans.

— *C. dioica*. L. mentionné avec doute (*Cat. prov.* p. 68.) ne paraît pas avoir été recueilli dans la Charente-Inférieure.

— *disticha*. Huds. — AC. — Marans ; Martrou ! Rochefort ! Vergeroux. *etc.*

— *arenaria* L. — C. sur le littoral.

— *divisa*. Huds. — C. sur le littoral. — R. à l'intérieur. Martrou ; Marais de Chartres.

— *vulpina* L. — C.

— *muricata*. L. — C.

— — *Var.* b. — *virens*. (*C. virens*. Lam.) AC. — Vergeroux ! St-Xandre ! Tonnay-Charente; *etc.*

— *divulsa*. Good. — C.

— *Schreberi*. Willd. — RR. — Fouras !

— *leporina*. L. (*C. ovalis*. Good.) AC. — Périgny ;
Le Pin ; Lafond ; Martrou ! *etc.*

— *stellulata*. Good. — AC. —St-Xandre ; St-Pierre
de Surgères ; Marais de St-Louis ; *etc.*

— *remota*. L. — AR. — Aigrefeuille ; Le Pin ; La
Rochelle.

— *stricta*. Good. (*C. cœspitosa*. Gay.) C.

— *vulgaris*. Fries. (*C. cœspitosa*. Good. et auct.
non. L. *C. Goodnovii*. Gay.) R. — Forges ;
Rochefort, Surgères.

— *acuta*. L. — C.

— *tomentosa*. L. — R. — Fouras ; Angoulins.

— *pilulifera*. L. — AC. — Benon ; Le Pin ; Vergeroux ! Fouras ; *etc.*

— *præcox*. Jacq. — CC.

— *gynobasis*. Vill. — AR. —Jonzac ; La Repentie ;
Martrou !

— *humilis*. Leyss. — RR. — Jonzac ; (*d'Orbigny*).

— *filiformis*. L. — RR. — Surgères (*Hubert.*)

— *glauca*. L. — CC.

— *hirta*. L. — C.

— *flava*. L. — AC. — La Tremblade ; St-Xandre !
Saintes ; Pons ; *etc.*

— *OEderi*. Ehrh. — C.

— *nitida*. Host. —AC. sur le littoral.—Angoulins ;
Fouras ; Chatelaillon ; La Rochelle. — Cette
plante est désignée (*Cat. prov.* p. 69.) sous
le nom de *C. Michelii*.)

— *punctata*. Gaud. (*C. pallidior*. Degl.) RR. —
Ile d'Oleron ; (*Savatier*).

— *distans*. L. — AC. — Angoulins ; Lafond ; Bois
de Chartres ; *etc.*

— *lœvigata*. Sm. (*C. biligularis*. DC.) AC. — Martrou ; Vergeroux ! Marais de St-Louis ; *etc.*

— *depauperata*. Good. — RR. — Bois de Chartres ;
Lépine.)

— *panicea*. L. — C. — C'est la plante décrite par
Lesson (*Fl. Roch.* p. 515) sous le nom de
C. mucronata. L.

— *pallescens*. L. — R. — La Rochelle ; Saintes.

— *sylvatica*. Huds. (*C. drymeia*. Ehrh. *C. patula*.
Scop.) C.

— *pseudo-cyperus*. L. — AR. — Périgny ; Marans ;
La Rochelle ; Le Pin ; Taugon.

— *hordeistichos*. Vill. — R. — Forges ? Lafond.
— *vesicaria*. L. — AR. — Lafond ; Marans.
— *paludosa*. Good. — C.
— *riparia*. Cust. — C.

GRAMINÉES.

Andropogon *Ischœmum*. L. — AC. — Port d'En-
vaux ; St-Porchaire ; Fentcouverte ; Saintes ;
Jonzac ; *etc.*
— *Gryllus*. L. — RR.—Forêt de Benon (*Bonpland*).
n'a pas été retrouvé dans cette localité.
— *A. hirtus*. L. indiqué à Royan, paraît
étranger à notre région.
Spartina *stricta*. Roth. (*Trachynotia*. DC.) AC. —
La Rochelle ; Fouras ! Le Rocher ! Ile d'Aix ;
Ile de Ré ; entre Esnandes et Charron ; *etc.*
Cynodon *dactylon*. Pers. (*Panicum*. L.) C.
Digitaria *sanguinalis*. Scop. (*Panicum*. L.) CC.
— *filiformis*. Kœl. (*Paspalum ambiguum*. DC.)
AR. — Vergeroux ! Rompsay ; Ile de Ré.
— *paspalodes*. Mich. (*Panicum digitaria*. Lat.)
Naturalisé, depuis 1820, dans la Gironde
(*Desmoulins*), il atteindra bientôt nos limites du
côté de Montendre et de Mirambeau.
Tragus *racemosus*. Desf. (*Cenchrus*. L.) R. —
Chatelaillon ; Fouras ! Royan.
Leersia *oryzoides*. L. — AR. — Le Pin ; La
Tremblade ; Bussac.
Calamagrostis *epigeios*. L. — AC. — La Rochelle ;
Vergeroux ! Ste-Gemme ; Sablonceaux ; *etc.*
—*C. lanceolata*. Roth. (*Arundo Calamagrostis*.
L.) a été recueilli dans la Charente-Inférieure,
mais sans indication de localité. — A re-
chercher.
— *arenaria*. Roth. (*Arundo*. L.) C. sur le littoral.
Lagurus *ovatus*. L. — RR. — Ile d'Oleron ; (*de
Beaupreau*).
Agrostis *alba*. L. — CC.
— —*Var.* b. — *stolonifera*. (*A. stolonifera*. DC.
A. decumbens. Duby.) CC.
— —*Var.* c. — *maritima*. (*A. maritima*. Lam.).
AC. sur le littoral ; Fouras ! Ile d'Aix ! *etc.*
— *vulgaris*. With. — CC.

10

— —*Var.* b. — *pumila.* (*A. pumila.* L,) semences attaquées par un *Uredo.* — R. — Le Pin ; Benon.

— —*Var.* c. — *vivipara.* (*A. sylvatica.* Poll.) — RR. — Vergeroux !

— *canina.* L. — C.

— —*Var.* b.—*aristata.* (*A. rubra.* DC. non. L.) C.

— *setacea.* Curt. — RR. — Rochefort ; (*Réjou*).

— —*Var.* b. — *glaucina.* (*A. glaucina.* Bast.) — RR. — La Rochelle ; (*de Beaupreau*).

— *spica venti.* L. — C.

— *interrupta.* L. — AR. — Rochefort ; Le Pin ; Charras!

— *A. elegans.* Thore. a été indiqué, mais sans certitude, dans le département.

GASTRIDIUM *lendigerum.* Gaud. (*Milium.* L.) AC.— Martrou! Le Pin ; Montendre ; Vergeroux ! *etc.*

MILIUM *effusum.* L. — AC. — La Rochelle; Tonnay-Charente! Le Pin; Benon; Laleu ; *etc.* — *M. paradoxum.* L., indiqué dans la forêt de Benon, ne parait pas y avoir été rencontré.

STIPA *pennata.* L. — R. — Forêt de Benon? Saintes? Royan? — A rechercher.

PANICUM *verticillatum.* L. — CC.

— *viride.* L. — CC.

— *glaucum.* L. — AR. — Rompsay; Dompierre; Le Pin; Montlieu.

— *crus galii.* L.— C.

PHALARIS *arundinacea.* L. — C.

PHLEUM *asperum.* Will. — RR. — La Rochelle; (*Bonpland*) échappé probablement du jardin botanique.

— *arenarium.* L. — C. sur le littoral.

— *Bœhmeri.* Wib. (*Phalaris phleoides.* L.) AC. — Le Pin ; Charras! Martrou! Rochefort; Benon ; *etc.*

— *pratense.* L, — C.

— —*Var.* b. — *nodosum.* (*P. nodosum.* L.) CC.

POLYPOGON *Monspeliensis.* Desf. (*Alopecurus.* L.) C. sur le littoral et même au-delà du Vergeroux!—RR. à l'intérieur;-Le Pin; (*McGeorge.*) trouvé une seule fois.

— *maritimus.* Willd.—C. sur le littoral. Rencontré

accidentellement dans les rues de Rochefort !

ALOPECURUS *pratensis*. L. — AC. — Villedoux ; Andilly ; La Rochelle ; St-Jean d'Angély ; Saintes ; *etc.* — La plante décrite sous ce nom par Lesson *(Fl. Roch.* p. 523.) est le *Polypogon Monspeliensis.*

— *bulbosus*. L. — C. sur le littoral et au Vergeroux !

— *agrestis*. L. — CC.

— *geniculatus*. L. — C.

— *fulvus*. Sm. — AC. — Rochefort ! Vergeroux ! Saintes ; *etc.*

CRYPSIS *aculeata*. Ait. (*Schœnus.* L.) RR. —Fouras ; (*Delalande.*)

ANTHOXANTHUM *odoratum*. L. — CC.

— *aristatum*. Bois. (*A. nanum.* Auct.) C. sur le littoral.

MELICA *uniflora*. Retz. (*M. nutans.* Lam.) C.

— *ciliata*. L. — R. — La Rochelle ; Ile d'Oleron ; Saintes.

    — *M. nutans.* L. a été indiqué, mais sans certitude, à Jonzac.

AMBROSIS *globosa*. Desf. — RR. — Dunes de l'Ile de Ré ; (*Hubert*).

AIRA *canescens*. L. — C. sur le littoral ; — AR. à l'intérieur ;—Saintes;St-Jean d'Angély.—C'est la plante que Lesson décrit,(*Fl. Roch.* p. 534), sous le nom de *Poa maritima.*

— *cœspitosa*. L. — C.

— *media*. Gouan. — R. — Forêt de Benon : entre Surgères et Mauzé. — Rencontré dans la Vendée, au-delà de nos limites !

— *flexuosa*. L. — C.

— —*Var.* b. — *montana* (*A. montana.* L.) RR.— Martrou (*Lesson*).

— *caryophyllea*. L. — C.

— *multiculmis*. Dumort. — C.

— *prœcox*. L. — AC.—Montlieu ; Le Pin ; Fouras; Vergeroux ! *etc.*

HOLCUS *lanatus*. L. — CC.

— *mollis*. L. — AC. — Saintes ; Rochefort ! Vergeroux ! La Rochelle ; *etc.* — La plante que Lesson décrit sous ce nom (*Fl. Roch.* p. 523.) est l'espèce précédente.

Arrhenatherum *elatius*. Gaud. (*Avena.* L.) CC.
— *bulbosum.* Presl. — CC.
Avena *flavescens.* L. — CC.
— *pubescens.* L. — C.
— *pratensis.* L. — AR. — Benon ; St-Sauveur de
    Nuaillé ; La Rochelle ; Le Pin.
— *fatua.* L. — CC. — *A. sterilis.* L. est décrit par
    Lesson (*Fl. Roch.* p. 528.) comme variété de
    cette espèce, et sans indication de localité.
Danthonia *decumbens.* DC. (*Festuca.* L.) C.
Bromus *secalinus.* L. — AR. — Le Pin ; Le Gua.
— *commutatus.* Schrad. (*B. racemosus.* Duby.)
    AR. — Vergeroux ! St-Jean d'Angély ; La
    Rochelle.
— *racemosus.* L. (*B. pratensis.* Ehrh.) C.
— *mollis.* L. — CC.
— *confertus.* Bieb. (*B. divaricatus.* Lois.) C.
    sur le littoral. — Observé également dans la
    Vendée.
— *arvensis.* L. — CC.
— *squarrosus.* L. — R. — La Rochelle ; Saint-
    Aigulin? Le Pin? — A rechercher.
— *asper.* L. — AR. — Benon ; Périgny ; St-Jean
    d'Angély ; Surgères; Vergeroux.
— *giganteus.* L. — RR. — Bois d'Essouvert ;
    (*Me George*).
— *erectus.* Huds. (*B. pratensis.* Lam.) CC.
— *sterilis.* L. — CC.
— *tectorum.* C. — C.
— *Madritensis.* L. (*B. polystachyus.* DC.) C. sur le
    littoral.—Décrit par Lesson (*Fl. Roch.* p. 529.)
    sous le nom de *B. rubens.*
— *rigidus.* Roth. (*B. maximus.* Desf. *B. Madri-*
    tensis. Vahl. DC.) C.
Brachypodium *sylvaticum.* P. Beauv. (*Bromus*
    pinnatus. b. L.) C.
— *pinnatum.* P. Beauv. (*Bromus.* L.) CC.
— *distachyon* R. et Sch. (*Bromus.* L. *Triticum*
    ciliatum. DC.) RR.—La Rochelle; (*Bonpland.*)
    peut-être accidentellement?
Festuca *poa.* Kunth. (*Triticum.* DC.) R.—Pisany ;
    Arvert.
— *tenuicula.* Link. (*Triticum.* Lois.) R. — Benon ;
    Charras.

— *tenuiflora*. Schrad. (*Triticum Nardus*. DC.) AC.
   — Marans ; Ile d'Oleron ; Rochefort ; Vergeroux ! etc.
— *rottboellioides*. Kunth. (*T. Rottbolla*. DC.) — C.
   sur le littoral. — Lesson (*Fl. Roch.* p. 531.)
   décrit cette espèce sous le nom de *Festuca
   maritima*. DC.
— *bromoides*. L. (*F. uniglumis*. Ait.) C. sur le
   littoral. — AR. à l'intérieur.—Saintes; Rochefort.
— *sciuroides* Roth. (*F. bromoides*. Sm.) AC. —
   Vergeroux ! Ile de Ré; Port-des-Barques ; La
   Tremblade ; etc.
— *pseudo-myuros*. S. Will. (*F. myuros*. DC.) CC.
— *ciliata*. DC. (*F. myuros*. L.) AC. — Le Pin ;
   Vergeroux ! entre Naucras et Sablonceaux; etc.
— *ovina*. L. — C.
— —*Var.* b. — *vivipara*. — RR. — Rochefort ;
   (*Lesson*).
— *tenuifolia*. Sibth. — AC. — Martrou ! Charras !
   Vergeroux ! Saintes ; etc.
— *duriuscula*. L. — C.
— —*Var.* b. — *hirsuta*. (*F. cinerea*. Vill.) AR. —
   Montendre; Mirambeau ; Ile de Ré.
— —*Var.* c. — *glauca*. (*F. glauca*. Lam.) C.
— *rubra*. L. — C.
— *heterophylla*. Lam. — AC. — La Garde aux
   Valets; Fouras ! Tonnay–Charente ; etc.
— *dumetorum*. L. (*F. sabulicola*. L. Duf.) C. sur le
   littoral.
— *arundinacea*. Schreb. (*F. elatior*. Sm. L. Syst.)
   AR. — Aigrefeuille ; Le Pin.
— *pratensis*. Huds. (*F. elatior*. L. Fl. Suec.) C.
— —*Var.* b. — *loliacea*. (*F. loliacea*. Huds.) R.
   La Rochelle ; Vergeroux ! Le Pin. — C'est à
   cette variété qu'on doit rapporter la plante
   trouvée dans cette dernière localité et désignée
   avec doute (*Cat. prov.* p. 74), sous le nom de
   F. inermis. DC.
— *rigida*. Kunth. (*Poa.* L.) C.
— *cœrulea*. DC. (*Aira* et *Melica*. L.) AR.— Aigrefeuille ; Le Chay.
PHRAGMITES *communis*. Trin. (*Arundo Phragmites*.
   L.) CC.

— —*Var.* b.—*subuniflora. (A. nigricans.* Mér.) C.

DACTYLIS *glomerata.* L. — C.

— —*Var.* c — *hispanica.* (*D. hispanica.* Roth.)
AC. sur le littoral. — Pointe des Minimes;
Fouras! *etc.*

KOELERIA *cristata.* Pers. (*Aira* et *Poa.* L.) C.

— *albescens.* DC. — AC. sur le littoral.—Fouras!
La Tremblade; La Rochelle; *etc.*

— *phleoides.* Pers. (*F. cristata.* L.) AR.—Arvert;
La Rochelle; Fouras! Echillais! Ile de Ré;
Hiers.

GLYCERIA *spectabilis.* Mert et K.(*Poa aquatica.*L.) C.

— *fluitans.* R. Br. (*Festuca.* L.) CC.

— *plicata.* Fries. — AC. — Vergeroux! Rochefort! *etc.*

— *maritima.* Mert et K. — C. sur le littoral.

— *distans.* Wahl. (*Poa.* L.) AC. — La Rochelle;
Charras! Vergeroux! *etc.*

— *procumbens.* Sm. — AC.—Martrou! Vergeroux!
Ile d'Oleron; *etc.*

— *airoides.* Reich. (*Aira aquatica.* L.) C.

POA *compressa.* L. — C.

— *P. Dura.* Scop. (*Cynosurus.* L.) trouvé une
seule fois, dans les rues de la Rochelle,
échappé sans doute du jardin botanique, ne
peut être considéré comme appartenant à
notre flore.

— *pratensis.* L.—CC.—La plante trouvée à Angoulins, et désignée, (*Cat. prov.* p. 75), sous le
nom de *P. Alpina brevifolia.* (*P. brevifolia.*
DC.), doit être rapportée à cette espèce.

— —*Var.* b. — *angustifolia.* (*P. angustifolia.* L.)
AC. La Rochelle; Le Pin; Martrou! *etc.*

— *trivialis.* L. (*P. scabra.* Ehrh.) C.

— *serotina.* Ehrh. (*P. fertilis.* Host.) R. — Aigrefeuille; Le Pin.

— *nemoralis.* L. — CC.

— — *Var.* b. — *firmula.* (*P. coarctata.* DC.) C.

— *bulbosa.* L. — CC.

— — *Var.* b. — *vivipara.* — CC.

— *annua.* L.

— — *Var.* b. — *vivipara.* — RR. — Rues de Rochefort!

— *pilosa.* L. — RR. — Arvert; (*d'Orbigny.*)

— *Eragrostis*. L. — R. — La Rochelle ; Saintes ?
 Pons ?

— *megastachya*. Kœl. (*Briza Eragrostis*. L.) AR. —
 La Tremblade ; Le Gua ; Ile d'Oleron ; Chatelaillon.

BRIZA *media*. L. — C.

— —Var. b. —*pallens*. (*B. lutescens*. Fouc.) AC. —
 Martrou ; Charras ; etc.

— *minor*. L. (*B. minor* et *B. virens*. —*Cat. prev.* p.
 76.) AC. — La Rochelle ; Tonnay-Charente ;
 Vergeroux ! Breuil-Magné ; etc.
 — *B. maxima*. L., indiqué à Virson et à
 Montendre, ne parait pas appartenir à la flore
 de la Charente-Inférieure.

CYNOSURUS *cristatus*. L. — CC.

— —Var. b. — *vivipara*. L. — RR. — Rochefort !
 — Trouvé une seule fois, près du moulin de la
 belle Judith.

— *echinatus*. L. — AC. sur la rive gauche de la
 Charente ; — Marennes ; Echillais ! Martrou ;
 Beaugeay ; etc.—RR. sur la rive droite, Ro-
 chefort, aux Dix-Moulins !

ECHINARIA *capitata*. Desf. (*Cenchrus*. L.) AC. —
 St-Xandre ! Surgères ! Puyravault ! Taugon ;
 Rompsay ; Le Pin ; etc.

CHAMAGROSTIS *minima*. Bork. (*Agrostis*. L.) CC.

NARDUS *stricta*. L. — AR. — Marans ; Pons ; Rochefort.

GAUDINIA *fragilis*. P. Beauv. (*Avena*. L.) C.

ÆGYLOPS *ovata*. L. — AR. — St-Xandre ! Saintes ;
 Le Pin ; Marsilly.

— *triuncialis*. L. — R. — Le Pin ; Mirambeau.

LEPTURUS *incurvatus*. Trin. (*Rottboellia*. L.) C. sur
 le littoral et au Vergeroux !

— *filiformis*. Trin. — AR. — La Rochelle ; Vergeroux !

— *cylindricus*. Trin. (*Rottboellia subulata*. Sav.)RR.
 — Chatelaillon ; (de *Beaupreau*.)—Observé, en
 1848, aux environs d'Angoulême.

TRITICUM *sativum*. Lam. — Cultivé.

— —Var. b. — *vivipara*. — RR. — Rochefort !

— *repens*. L. — CC. — Plante très-variable. —
 Une forme,(*T. acutum*. DC.), est commune sur
 le littoral.

— *junceum*, L. — C. sur le littoral.
— *caninum*. L. (*Elymus*. L.) R. — Le Pin ; Rochefort.
ELYMUS *arenarius*. L. — RR. — Ile d'Oleron ; (*Lesson*).
HORDEUM *murinum*. L. — CC.
— *secalinum*. Schreb. (*H. pratense*. Huds.) C.
— *maritimum*. With. —CC. sur le littoral ; — On le rencontre jusqu'à Surgères! et au Pin.
LOLIUM *tenue*. L. (*L. macilentum*, Del.) AC. — Esnandes ; Rochefort ; Villedoux.
— *perenne*. L. — CC.
— — Var. b.— *aristatum*.—AC.— Rochefort ! Vergeroux ! Martrou; *etc*.
— — Var. c. — *compositum*.—AR.— Vergeroux ! hôpital de Rochefort.
— *multiflorum*, Lam. — AC. — Rochefort ! Vergeroux ! Le Pin ; *etc*.
— *temulentum*. L. — C.
— *arvense*. With. — RR.—Il m'a été envoyé de la Charente-Inférieure, mais sans indication de localité. — A rechercher.

TYPHACÉES.

TYPHA *latifolia*. L. — C.
— *angustifolia*. L. — C.
SPARGANIUM *ramosum*. Huds. (*S. erectum*. a. L.) CC.
— *simplex*. Huds. (*S. erectum*. b. L.) C. mélé au précédent.
— *natans*. L. — R. — Périgny ; Villedoux ; Surgères.

LEMNACÉES.

LEMNA *trisulca*. L. — C.
— *polyrhiza*. L. — C.
— *minor*. L. — CC.
— *gibba*. L. — CC.
— *arrhiza*. L. — R. — Nuaillé ; Marans ; Le Pin.

AROIDES.

Arum *maculatum.* L. — AR. — La Rochelle ; Ro-
chefort ; St-Jean d'Angély.
— *Italicum.* Mill. — CC.
    — *Calla palustris.* L. décrit par Lesson,
(*Fl. Roch.* p. 508), a été cherché inutilement à
Geay, seule localité indiquée. — L'Herbier
Lesson n'en contient pas d'échantillon , mais
on y trouve, sans indication de localité,
*Acorus Calamus.*L. qui paraît également étran-
ger à notre région,

II. CRYPTOGAMES.

MARSILÉACÉES.

Salvinia *natans.* Hoffm. (*Marsilea.* L.) RR. —
Jonzac ; (*d'Orbigny*).
Marsilea *quadrifolia.* L. — RR. — Montlieu ;
(*d'Orbigny*).—Recueilli au port La Claye dans
la Vendée. (*Guettard*).
Pilularia *globulifera* L. — RR. — St-Aigulin ;
(*d'Orbigny*).
    — *Isoetes lacustris.* L., indiqué dans les
environs de la Rochelle, a besoin d'être recherché de nouveau.

FOUGÈRES.

Ophioglossum *vulgatum.* L. — AR. — La Rochelle;
Longéves ; Benon ; Vergeroux ! Lafond.
—*O. Lusitanicum.* L., a été signalé, mais sans
certitude , dans la Charente-Inférieure. —
Botrychium lunaria. Sw. (*Osmunda.* L.), indi-
qué à Jonzac et à Mirambeau, doit être l'objet
de nouvelles recherches.
Osmunda *regalis.* L. — R. — La Rochecourbon !
Montlieu.
Ceterach *officinarum.* DC. (*Asplenium Ceterach.*
L.) C.
Polypodium *vulgare.* L. (*P. Cambricum.* L.) CC.

11

— —*Var.* b. serratum. — RR. — Château de Taillebourg; (*Lépine*).

— *dryopteris.* L. — R. — La Rochelle; Jonzac.

ASPIDIUM *aculeatum.* Sw. (*Polypodium.* L.) AR. — Rochefort ; La Rochelle; Pons ; Le Douhet ; Jonzac.

— *lonchytis.* Sw. (*Polypodium.* L.) RR.—Pons ; (*de Beaupreau.*)

POLYSTICHUM. *filix-mas.* Roth. (*Polypodium.* L.) C,

ATHYRIUM *filix-fœmina.* Roth. (*Polypodium.* L.) AC. — Le Pin ; Pons ; Jonzac; etc.

ASPLENIUM *Adianthum nigrum.* L. — AC. — Saintes; Lafond; Vergeroux ! Périgny ; Rochefort ! etc.

— *lanceolatum.* Sm.—RR. — Jonzac ; (*d'Orbigny*).

— *marinum.* L. — R. sur le littoral, —Ile d'Aix ; Ile de Ré; La Rochelle.

— *Ruta muraria.* L.—CC.

— *Trichomanes.* L. — C.

—*A. viride.* Huds, indiqué à Talmont, parait étranger à notre région.

— *septentrionale.* Hoffm. (*Acrostichum.* L.) RR. — St-Aigulin ; (*d'Orbigny*).

SCOLOPENDRIUM *officinate.* Sm. (*Asplenium Scolopendrium.* L.) C.

BLECHNUM *spicant.* Sm. (*Osmunda.* L.) R. — La Tremblade; Ferrières ; La Ronde.

PTERIS *aquilina.* L. — CC.

—*P. crispa.* All. (*Osmunda.* L.) a été indiqué, mais sans certitude, dans les environs de Jonzac.

ADIANTHUM *Capillus Veneris.* L.— AR. — Royan ; entre Soubise et Martrou ; La Rochecourbon ! Château de Pernon , près Pons ; Thénac ; Fontaine du Gros-Roi, au Douhet.

LYCOPODIACÉES.

LYCOPODIUM *clavatum.* L. — AR — Entre Jonzac et Mirambeau ; St-Jean d'Angély.

— *inundatum.* L. — RR. — Tourbières de Forges; (*d'Orbigny.*)

—*L. Selago.* L. et *L. Helveticum.* L., indiqués, l'un à Forges, l'autre à Jonzac, ne paraissent pas appartenir à notre flore.

EQUISÉTACÉES.

EQUISETUM *arvense*. L. — C.
— *Telmateia*. Ehrh. (*E. fluviatile*. Duby.) AR. — Fouras ; Sablonceaux ; Surgères.
— *sylvaticum*. L. — R. — Le Pin ; Jonzac.
— *palustre*. L. — C.
— *limosum*. L. -- AC. — Dompierre ; Marans ; La Boutonne ; La Charente ; *etc*.
— *hiemale*. L. — AR. — Rochefort ; Pons ; Saint-d'Angély.
— *ramosum*. Schl. (*E. elongatum*. Willd. *E. multiforme*. Vauch.) AR.— Rochefort ; Montendre.

CHARACÉES.

CHARA *fœtida*. Braun. (*C. vulgaris*. Sm.) C.
— *hispida*. L. -- AC. -- Tourbières de Surgères ; Vandré ; *etc*.
— *fragilis*. Desf. (*C. vulgaris*. L.) AC.—Surgères ; Rochefort ; La Rochelle ; Taugon ; Saint-Ouen ; *etc*
— *aspera*. Willd. (*C. interterta*. Desv.) R. -- Port des Barques ; Montlieu.
— *flexilis*. L. -- AC. -- Taugon ; La Ronde ; St-Aignant ; Martrou ; *etc*.
-- Les Characées de la Charente-Inférieure, ont besoin d'être étudiées plus attentivement.

TABLE DES FAMILLES.

Corymbifères,	34
Crassulacées,	28
Crucifères,	4
Cucurbitacées,	27
Cynarocéphales,	38
Cyperacées,	70
Dioscorées,	68
Dipsacées,	34
Droséracées,	9
Elatinées,	12
Equisétacées,	83
Ericacées,	43
Euphorbiacées,	60
Fougéres,	81
Frankéniacées,	10
Fumariacées,	2
Gentianées,	45
Géraniacées,	15
Globulariées,	34
Graminées,	73
Grossulariées,	28
Haloragées,	26
Hippocastanées,	15
Hydrocharidées,	68
Hypéricinées,	14
Ilicinées,	45
Iridées,	68
Jasminées,	45
Joncées,	64
Juglandées,	62
Labiées,	52
Légumineuses,	17
Lemnacées,	80

Lentibulariées,	44
Liliacées,	66
Linacées,	13
Lobéliacées,	43
Loranthacées,	32
Lycopodiacées,	82
Lythrariées,	27
Malvacées,	13
Marsiléacées,	81
Monotropées,	44
Myricées,	61
Nymphéacées,	2
Oléacées,	45
Ombellifères,	28
Onagraires,	26
Orchidées,	68
Orobanchacées,	51
Oxalidées,	16
Papavéracées,	2
Paronychiées,	27
Plantaginacées,	56
Platanées,	63
Plumbaginacées,	55
Polygalées,	9
Polygonacées,	58
Portulacées,	27
Potamées,	63
Primulacées,	44
Quercinées,	62
Renonculacées,	1
Résédacées,	8
Rhamnées,	16

Rosacées,	24
Rubiacées,	32
Rutacées,	16

Salicinées,	61
Salsolacées,	57
Santalacées,	59
Saxifragées,	28
Scrophulariacées,	49
Solanées,	48

Tamariscinées,	27
Thymelées,	59
Tiliacées,	14
Typhacées,	80

Urticées,	61

Valérianées,	33
Verbascées,	48
Verbénacées,	52
Violariées,	9

Zygophyllées,	16

FAUTES A CORRIGER.

—

Page 11 ligne 37.—*ho ostea.*—Lisez : *holostea*
— 16 — 24.—Le Donhet.—Lisez : Le Douhet.
— 26 — 11.—ONOGRAIRES.—Lisez : ONA-
GRAIRES.
— 28 — 18.—*penduliuus.*—Lisez : *pendulinus.*
— 29 — 34.—Périguy.—Lisez : Périgny.
— 32 — 17.—VIRBUNUM.—Lisez : VIBURNUM.
— 35 — 37.—BUPHTALMUM.— Lisez : BUPH-
THALMUM.
— 36 — 22.—*Candissima.* — Lisez : *Candidissima.*
— 45 — 37.—St-Hippolite. — Lisez : St-
Hippolyte.
— 48 — 32.—Avant le genre VERBASCUM, le
nom de la famille a été omis,
(VERBASCÉES).
— 56 — 25.—*Lagpus.*—Lisez : *Lagopus.*
— 64 — 7.—*oppositi folius.*—Lisez : *oppositifolius.*

PREMIER SUPPLÉMENT

AU CATALOGUE DES PLANTES VASCULAIRES DE LA CHARENTE-INFÉRIEURE.

ADDITIONS ET CORRECTIONS.

Page 1 *Thalictrum montanum.* — ajoutez : — Beauvais sur Matha; *(Savatier)*.

Adonis autumnalis. — aj. — les champs de Surgères, *(Delalande)*.

— *flammea.* — aj. — Puycerteau, commune de Neuvicq, *(Savatier)*.

Ranunculus hederaceus. Ile d'Elle; — aj. (Vendée) sur nos limites.

P. 2. — *Monspeliacus.* — L'échantillon que j'ai reçu de M. de Beaupreau, me laisse des doutes. — A rechercher dans la localité indiquée.

P. 4. *Fumaria Vaillantii.* — aj. — Beauvais; Chiré, comm. de St-Georges, Ile d'Oleron; *(Savatier)*.

P. 6. *Sinapis incana.* — aj. — Pointe des Minimes, comm. d'Aytré ; C. *(Delalande)*.

Rapistrum rugosum. — aj. — Dolus, Ile d'Oleron; *(Id.)*

Isatis tinctoria. — aj. — fort des Saumoneurs, comm. de St.-Georges, Ile d'Oleron; *(Savatier)*.

Senebiera pinnatifida. — aj. — rues de Dolus ; *(Delalande)*.

P. 7. *Lepidium latifolium*. — aj. — Dolus; St.-
    Trojan; *(id)*
    Camelina dentata. — aj. — Taugon-la-Ronde;
    (T. Letourneux).

P. 8. *Helianthemum procumbens*. — aj. — Terrier
    de Toulon, comm. de St.-Romain de Benet;
    (Desmoulins).

P. 10. *Cucubalus bacciferus*. — aj. — Sablonceaux ;
    (Delalande).

P. 11. *Lychnis vespertina*. — Lisez : *Lychnis diurna*,
    et ajoutez aux localités : Ile d'Oleron ; *(De
    Beaupreau)*
    — *vespertina*. Sibth. *(L. dioica. var. b. L.)*
    CC. — A placer après *L. diurna*.

P. 13. *Althœa cannabina*. — Gourville; — lisez :
    Gourvillette.

P. 14. — *hirsuta*.— Gourville; — lisez : Gourvillette.

P. 20. *Trifolium patens*. — St. — Porchaire; à cette
    localité indiquée deux fois par erreur, substi-
    tuez Breuil-Magné!
    Dorycnium suffruticosum. le Meux; lisez :
    Meux et aj. Chateau de Cornefou, comm.
    de Sonnac; C. *(Savatier)*.

P. 24. *Prunus Mahaleb*. L. — RR. — Les haies à
    Beauvais sur Matha; *(Savatier)* — A placer
    après *P. Cerasus*.

P. 25. *Rosa sempervirens*. — aj. — Dolus; *(Dela-
    lande)* la Petite-Grange, comm. de Rochefort!

P. 26. *Malus acerba*. — aj. Beauvais sur Matha;
    (Savatier).

P. 27. *Ecballium Elaterium*. — aj. — La Peroche,
    comm. de Dolus; C *(Delalande)*.

P. 29. *Helosciadium nodiflorum*, var. *ochreatum*. —
    aj : — Vergeroux !

P. 30. *Buplevrum falcatum*. — Gourville. Lisez :
    Gourvillette.
    — *protractum*. St.-Vénérand; lisez : Vénerand.
    Smyrnium Olusatrum.— aj. Dolus, *(Delalande)*.

P. 33. *Galium saccharatum*. — aj. — La plante que
    Lesson *(Fl. Roch*. p. 251.) indique sous ce

nom, à St.-Crépin; Annezay; etc. paraît être
G. tricorne qu'il ne décrit pas et qui est
commun dans les terrains calcaires.

Asperula odorata. — aj. — forêt d'Aunai
(Deux-Sèvres), sur nos limites. *(Guillon)*.

P. 36. *Diotis candidissima*. — aj. — Côte sauvage à
Dolus, RR. *(Delalande)*.

Matricaria Chamomilla. — aj. — Beauvais
(Savatier).

Pyrethrum corymbosum. — aj. — forêt d'Aunai
(Deux-Sèvres), sur nos limites *(Guillon)*.

P. 38. *Centaurea serotina*. — aj. — variation à pièces
florales métamorphosées en feuilles; le Colombier, comm. de Naucras, *(Delalande)*.

P. 40. *Scolymus hispanicus*. — aj. le Chay; Semus-
sac; *(Savatier)*.

P. 42. *Crepis bulbosa*. — aj. observé également sur
la côte sauvage de Dolus; *(Delalande)*.

P. 44. *Hypopitys multiflora* — aj. — forêt de Chizé
(Deux-Sèvres) sur nos limites; *(Guillon)*.

P. 45. *Olea Europœa*; on le cultive aussi à Dolus,
où il donne des fruits : *(Delalande)*.

P. 46. *Chlora imperfoliata*. — aj. — Dolus; *(Id.)*

Limnanthemum nymphoides. — Ile d'Elle. — aj.
— (Vendée), sur nos limites.

Cuscuta epilinum. — aj. Taugon la Ronde ;
(T. Letourneux).

P. 48. *Solanum ochrolucum*. — Lisez : *ochroleucum*.

Datura tatula — ruelles de Bourgfranc, près
Marennes ; *(Delalande)*.

P. 49. *Verbascum nigrum*. — aj. Beauvais : *(Savatier)*.

Linaria minor. Desf. — C. — omis après *L.
commutata*.

— *prœtermissa*. — aj. — Surgères; St-Marc ;
mêlé au *L. minor* et plus commun. *(Delalande)*.

P. 50. *Scrophularia Scorodonia*. — aj. bois d'A-
vailles, comm. de Dolus; *(id.)*

Veronica agrestis. — aj. Beauvais ; *(Savatier)*.

P. 51. *Orobanche cruenta*. — aj. Beauvais ; sur
l'*Hippocrepis comosa* et le *Lotus corniculatus*
(id.)

— *hederæ.* — aj. — la Petite-Grange, comm.
de Rochefort! — château de Beauvais; *(Savatier).*

— *amethystea.* aj. — Puycerteau, comm. de
Neuvicq; *(Savatier).*

— *ramosa.* aj. — Beauvais; sur l'*Urtica dioica*
le *Torilis Helvetica* et le *Brassica campestris.* *(id)*

P. 53. *Calamintha sylvatica.* Bromf. — AC. — bois
de Balanzac et de Sablonceaux; *(Delalande).*
Nepeta cataria. — aj. — Sablonceaux; *(id.)*

P. 55. *Statice ovalifolia* — aj. Dolus; *(id.)*

P. 58. *Suæda maritima.* — aj. se retrouve jusqu'au
Vergeroux!
Rumex palustris. aj. — le Château, Ile d'Oleron;
(Delalande).

P. 60. *Thesium humifasum*; Lisez : *humifusum.*
Euphorbia exigua aj. c'est à cette espèce qu'il
faut rapporter la plante que Lesson décrit
(Fl. Roch. p. 440.) sous le nom d'*E. pinifolia.*
L.

— *falcata.* — aj. entre Surgères et St.-Marc;
(Delalande).

P. 62. *Fagus sylvatica.* — aj. bois de Puycerteau,
comm. de Neuvicq; *(Savatier).*

P. 64. *Juncus acutus.* — aj. St.-Trojan; marais
d'Availles, comm. de Dolus; *(Delalande).*

P. 65. *Asparagus officinalis.* — aj. Marennes; *(id)*

P. 69. *Ophrys arachnites.* — aj. bois de chez Merlet,
comm de Bredon; *(Savatier).*

P. 70. *Epipactis ensifolia.* — aj. bois d'Availles, comm.
de Dolus; *(Lafargue)* Puycerteau, comm.
de Neuvicq; *(Savatier).*

— *rubra.* — aj. bois de chez Merlet. comm.
de Bredon et de Puycerteau, comm. de
Neuvicq *(id.)*
Schœnus albus : St.-Aignant; Lisez : St.-
Agnant.

P. 71. *Scirpus fluitans.* — aj. — Dolus; *(Delalande).*
— *Tabernæmontani.* Gm. (*S. glaucus.* Sm.)

RR. — marais du bois d'Anga, comm. de Dolus *(id.)* — A placer après *S. Savii.*

P. 72. *Carex extensa.* Good. — RR. — marais d'Availles, comm. de Dolus; *(id)* — A placer après *C. OEderi.*

P. 74. *Panicum glaucum.* — aj. — Vergeroux !

Polypogon littoralis. Sm. — bords du Lay, (Vendée), non loin de nos limites *(Letourneux).* — On le trouvera infailliblement sur le littoral de la Charente-Inférieure. — A placer après *P. maritimus.*

P. 75. *Crypsis aculeata* aj. — Doussins du bois d'Anga et entre les Alassins et le Grand village, comm. de Dolus; *(Delalande).*

— *Schœnoides.* Lam. *(Phleum. L.)* RR. — un fossé près du bois de la Paré, comm. de Dolus; *(id.)* — A placer après *C. aculeata.*

Anthoxanthum odoratum. var. *viviparum.* — RR. — Chemin de Quatre-Anes, comm. de Rochefort !

P. 76. *Bromus tectorum.* C. — Lisez : — *Bromus tectorum. L.*

P. 79. *Poa megastachya.* — aj. Dolus; *(Delalande).*

P. 80. *Lolium perenne.* var b. *aristatum.* — Lisez : *cristatum.*

P. 82. *Adianthum capillus Veneris.* aj. — le Chateau, Ile d'Oleron *(Delalande).*

P. 83. *Equisetum Telmateia.* aj. — bois du Colombier, comm. de Naucras; *id.)*

— *hyemale* St.-d'Angély : Lisez : St.-Jean-d'Angély.

Chara flexilis. St.-Agnant. — Lisez : St.-Agnant.

———

A la suite du supplément qui sera publié en 1852, je donnerai la liste alphabétique de tous les lieux cités dans le catalogue, et, pour faciliter ce travail, je recommande aux botanistes du département de noter désormais avec soin, le nom des communes où se trouveront les localités explorées.

C'est surtout sur nos espèces rares ou douteuses et sur nos *desiderata* que j'appelle plus spécialement leur attention, en les priant instamment de me faire parvenir, avec leurs observations, des échantillons de tout ce qu'ils auront recueilli d'intéressant. S'ils veulent bien me continuer leur concours, le catalogue de nos plantes vasculaires pourra rester au courant des découvertes, et il sera possible de réaliser, dans un temps peu éloigné, la publication de la flore de la Charente-Inférieure.

LÉON FAYE.

Sivrai 30 janvier 1851.

IMPRIMERIE DE P.—A. FERRIOL.

www.ingramcontent.com/pod-product-compliance
Lightning Source LLC
Chambersburg PA
CBHW071454200326
41519CB00019B/5732